Ruprecht Düll (†) | Barbara Düll-Wunder

Feldbestimmungsschlüssel für die Moose Deutschlands, Österreichs und der Schweiz

Ruprecht Düll (†) | Barbara Düll-Wunder

Feldbestimmungsschlüssel für die Moose

Deutschlands, Österreichs und der Schweiz

Quelle & Meyer Verlag Wiebelsheim

Dr. Barbara Düll-Wunder
Funkenstr. 13
53902 Bad Münstereifel
barbara.duellwunder@gmail.com

Bibliografische Information der Deutschen Nationalbibliothek
Die Deutsche Nationalbibliothek verzeichnet diese Publikation in der Deutschen Nationalbibliografie; detaillierte bibliografische Daten sind im Internet über http://dnb.d-nb.de abrufbar.

www.quelle-meyer.de

Umschlagabbildungen: Ruprecht Düll
Printed in Germany/Imprimé en Allemagne
ISBN 978-3-494-01967-3

Inhaltsverzeichnis

Vorwort

Auf Vorschlag des Verlags wurde ein separater Bestimmungsschlüssel publiziert, mit dessen Hilfe Moose anhand von Lupenmerkmalen bestimmt werden können. Er ist handlich und kann ins Gelände mitgenommen werden. Dies ist praktisch, weil die Moose möglichst frisch bestimmt werden sollten. Es handelt sich hierbei um den Auszug des Schlüssels aus dem Buch „Die Moose Mitteleuropas" von Ruprecht Düll und Barbara Düll-Wunder.

Nach der Bestimmung ist es aber zu empfehlen, das Buch für eine gesicherte Bestimmung heranzuziehen.

Dort finden sich weitere Informationen, wie ein beschreibender Text, die Standort-, Verbreitungs- und Ökologieangaben zu den einzelnen Arten sowie Artenlisten der verschiedenen Biotope und Abbildungen der Arten. Dies kann alles zur Absicherung der Bestimmung hilfreich sein. Empfehlenswert ist auch die Anlage eines Moosherbars mit sicher bestimmten Arten, die man zum Vergleich heranziehen kann. Auch eine Präparatesammlung kann hilfreich sein. Ebenso ist eine Teilnahme an geführten Moosexkursionen zu empfehlen.

Barbara Düll-Wunder

Wichtiger Hinweis für die Bestimmung:
Es wurde soweit wie möglich versucht, andere, hier nicht beschriebene Moose bei der Bestimmung auszuschließen. Zum Teil werden sie vereinzelt im Bestimmungsschlüssel im Zusammenhang mit anderen Arten genannt, aber nicht selber verschlüsselt. Man erkennt dies an dem Zusatz „nur hier". Die genannten Merkmale beziehen sich vorwiegend auf frische Pflanzen. Um sich der Bestimmung wirklich sicher zu sein, ist ein Vergleich mit einer ausführlichen Beschreibung und einer Abbildung sehr zu empfehlen.
Sehr wichtig ist insbesondere bei der Lupenerkennung die Berücksichtigung der Standortmerkmale, wie auch - bei seltenen oder nur lokal vorkommenden Arten - die Verbreitung des Mooses.

Bestimmungsschlüssel: Übersicht

Bryopsida

1. Pflanze laubig bis bandförmig (= thallos), nicht oder undeutlich beblättert, meist niederliegend, auch im Querschnitt grün. Oft gabelig verzweigt und meist der Unterlage anliegend, seltener kreisförmig. Habituell ähnliche Flechten sind unterseits oder zumindest im Querschnitt (gebrochen) weiß.
.... **I. Thallose Lebermoose**
.................(inkl. Horn-Lebermoose) S. 7

1.* Pflanze deutlich beblättert, niederliegend bis aufrecht. Sporensäcke bzw. -behälter reif nie im Mooskörper verborgen.. . . . . 2.

2. Blätter kurzzellig, immer einschichtig, rippenlos (Ausnahme Diplophyllum albicans), breit angewachsen, einfach oder geteilt, oft abgerundet. Pflanzen (2 mm –)5 – 20 (– 50) mm groß. Stängel einfach oder gabelig, selten fiederig verzweigt, 2-, 3- oder (scheinbar) 5-zeilig beblättert. Wenn 3-zeilig, Blätter unterschiedlich groß (anisophyll). Sporogone kurzlebig, aus einer sich klappig öffnenden Kapsel und einer durchsichtigen, dünnen Seta bestehend, oft lange in einer Hülle (Perianth) verborgen. Vorwiegend an dauerfeuchten bis nassen Standorten.
.... **II. Beblätterte Lebermoose**
.... **(Jungermaniales)** S. 15

2.* Blätter kurz- oder langzellig, oft mit deutlicher Rippe, manchmal doppel-zellschichtig. Blätter mit verjüngtem Grund ansitzend, immer einfach, nie anisophyll, meist (bis lang) gespitzt oder auch in ein Blatthaar endend. Stängel einfach, gabelig oder fiederig verzweigt, winzig bis um 5 cm groß oder auch länger (bis um 50 cm). Sporogone ausdauernd, auf festen Stielen (Seten) bis sitzend, meist mit Deckel. Auch oft an trockeneren, auch sonnigen Standorten.
.... **III. Laubmoose (Bryatae)** S. 22

I. Thallose Lebermoose (inkl. Horn-Lebermoose)

I.A. Sporogone ausdauernd, ungestielt, grasartig dünn, zylindrisch, einer verdickten Basis entspringend. Die Kapseln sind 1 (– 2) mm dick und bis 2 (maximal 7) cm lang. Grün, von der Spitze her reifend (schwarz werdend) und 2-klappig spreizend. Die Sporogonepidermis mit Spaltöffnungen (wie bei den meisten Laubmoosen). Sporenreife ab Spätsommer. In Mitteleuropa immer gemischtgeschlechtig. Geschlechtsorgane verborgen, in den Thallus eingesenkt. Thalli ± kreisförmig, mit zerteiltem Rand, denen gewisser ungegliederter Lebermoose ähnelnd, jedoch nie bandförmig. Bewohner grundfeuchter bis nasser Standorte. .... **Anthocerophyta** (Horn-Lebermoose) .... I.A. S. 9

I.B. Mit auffallenden, ausdauernden, meist gestielten sporangienartigen Bildungen, die jedoch die eigentlichen Sporenbehälter verbergen. Diese sind nur um 1 mm groß (oder kleiner), sackförmig und ungestielt. Sie sind – wie die Geschlechtsorgane – in den Thallus eingesenkt. Aus den Trägern der Archegonien entwickeln sich nach der Befruchtung „Sporogonstände". Thalli ± fleischig, meist durch Luftkammern deutlich wabenartig gefeldert. Die zellenähnlichen Felder haben in der Mitte meist einen hellen Punkt (die Atemöffnung). Die Thallus-Unterseite ± von häutigen, weißlichen, rotvioletten bis schwärzlichen Bauchschuppen besetzt. Die Hafthaare sind z. T. Zäpfchenrhizoide und diese nur mikroskopisch erkennbar. (Farbe und Größe – wenn nicht anders angegeben – auf frische Pflanzen bezogen; trockenes Material kann mit verdünnten Detergenzien (z. B. Geschirrspülmittel) aufgeweicht werden).

I.B.1. **Marchantiales** (Gegliederte (gekammerte) thallose Lebermoose) .... I.B.1. S. 9

I.B.1*. Thallus weder gekammert noch zellenartig gefeldert. Ohne Zäpfchenrhizoide und Bauchschuppen. Thalli oft relativ dünn (bis einzellschichtig) und oft zart gebaut. Von kaum 1 cm bis über 5 cm Größe. Sporogon wie bei den *Jungermaniales* (s. o.), meist auch lange in einem Hüllkelch verborgen (vgl. *Riccia*). Vorwiegend an ausreichend feuchten, dauerfeuchten oder nassen Standorten.

I.B.2. **Metzgeriales** (= Anakrogynae, ungegliederte thallose Lebermoose) .... I.B.2. S. 12

I.A. Horn-Lebermoose – *Anthocerotae / Anthocerophyta*

1. Thallus frischgrün, zerschlitzt, mit Schleimhöhlen und durch die darin lebenden *Nostoc*-Kolonien dunkel punktiert. Sporen schwarzbraun. Kalkmeidend und wohl überdüngungsfeindlich. . . . . **Anthoceros** . . . . (Echte Horn-Lebermoose)
2. Thalli dicklich, 1 – 2 cm breit, mit ± glatter Oberfläche und meist kurzlebig. Sporogone 1 – 3 cm lang. Auf Wegen, Böschungen und auch Äckern. Die mehrjährige, früher als Art gesehene, nässeliebende *Anthoceros husnotii*-Ausbildung kann bis 7 cm große Thalli und bis 7 cm lange Sporenkapseln entwickeln. Vor allem im westlichen, niederschlagsreicheren Klima. Selten. . . . . **Anthoceros punctatus**

2*. Thalli unter 1 cm breit, mit lamellenförmigen Auswüchsen auf der Oberfläche, heller grün und dünner als der vorige Typ. Oft nur für eine Form der vorigen gehalten, jedoch u. a. kurzlebig und ein typisches Ackermoos, meist mit Riccien. Ziemlich verbreitet. . . . . **Anthoceros agrestis** (= A. crispulus)

1*. Thallus dunkelgrün, etwas fleischig, mit abgerundeten Lappen und ohne Schleimhöhlen und deshalb nicht punktiert. Sporen goldgelb. Kalkhold. Auf Äckern, inzwischen oft ziemlich selten. Eher noch auf Waldwegen o. Ä. In Mitteleuropa nur das gemischtgeschlechtige . . **Phaeoceros carolinianus**. (Der vorigen Art ähnlich ist eine 3. Gattung. Sie ist bei uns durch **Notothylas orbicularis** vertreten. Eine sehr seltene Art nährstoffreicher, lehmig-toniger Äcker. Der kaum 5 mm breite Thallus wird von liegenden, den Lagerrand kaum überragenden, wurstförmigen, eingehüllten Sporogonen belegt).

I.B.1. Gegliederte (gekammerte) thallose Lebermoose – *Marchantiales*

1. Deutlich gefeldert. Meist (3 –) 5 – 10 mm breit und (1 –) 2 – 5 cm lang. Archegonien und Sporenbehälter sind in besonderen Ausstülpungen der Thalli untergebracht (verborgen!). Diese „Sporogonstände“ sind meist gestielt; die Sporogonhüllen öffnen sich nach unten. Im Gegensatz dazu sind die männlichen Sexualorgane punktförmig auf der Oberseite besonderer Antheridienstände untergebracht. Diese scheibenförmigen Gebilde können dem Thallus aufsitzen oder auch gestielt sein. *Marchantia* und Verwandte. An trocken-sonnigen wie auch an nassen Standorten. 1* nach 9*.
2. Thalli (1 –) 2 bis über 5 cm groß; auf der Fläche fast immer mit 2 (– 3) mm breiten Brutbehältern. Ohne süßlich-aromatischen Geruch. Nährstoffliebende Arten feuchter bis nasser, oft ruderaler Standorte. Zweihäusig.
3. Brutbehälter mondförmig. Lager hell- bis gelblichgrün, schwach glänzend, randlich oft ausgebleicht. Meist unter 5 cm groß. Bei uns immer steril. Vor allem in unteren Lagen. An Parkwegen, auf Gartenbeeten und in Gewächshäusern. Besonders in Westdeutschland auch an Ufern von Fließgewässern. . . . . **Lunularia cruciata**

3*. Brutbehälter becherförmig, mit gezähntem Rand. Thalli dunkelgrün, oft in ausgedehnten Decken. Öfter mit gestielten Geschlechts- bzw. Sporogonständen. Weibliche sternförmig und männliche scheibenförmig. Allgemein verbreitet. An ähnlichen Standorten wie vorige Art, aber auch auf überdüngten Äckern und feuchten Brandplätzen (hier mit *Funaria hygrometrica*). **Marchantia polymorpha** subsp. **ruderalis** (ähnlich, aber ohne Brutbecher und hell blaugrün ist die kürzer gelappte, vor allem alpin verbreitete subsp. *montivagans* (= var. alpestris)).

2*. Thalli ohne Brutkörperbehälter. Unterseits oft rotviolett bis schwärzlich.

4. Sporogonbehälter muschelförmig-zweiklappig, am Ende der linealischen, auch gegabelten, oberseits dunkelgrünen, am Rande schwärzlichen Thalli. Diese 3 – 4 mm breit und meist nicht über 2 cm lang. Seltener Xerophyt wärmster Lagen. Kalkmeidend. Auf Erde, an Mauern und vor allem in Nischen. .... **Targionia hypophylla**

4*. Sporogonbehälter immer gestielt. (Thalli unterseits grünlich (so 5 & 5*) oder meist rot oder rotbraun (5**).)

5. Thalli bandförmig, bis maximal 2 cm breit und um 10 cm lang, auch ausgedehnte Bestände bildend. Beiderseits frischgrün. Angenehm süßlich-aromatisch duftend. Atemöffnungen winzig, nicht emporgehoben. Männliche Gametangienstände dunkler, ca. 5 mm breit, den Thalli aufsitzend. Weibliche stumpf-kegelförmig, ca. 3 mm hoch, auf bis 5 cm langen Stielen. Im Bergland verbreitet, sonst selten. An meist nassen Standorten, an überrieselten Felsen, Fließgewässerufern und ähnlichen Plätzen, aber z. B. auch in Blockhalden und eingeschleppt in Gewächshäusern......... **Conocephalum conicum**

5*. Ähnlich, aber duftlos, dunkelgrün und gewöhnlich durch einen schwarzen Mittelstreif der Thalli sowie tonnenförmige Atemöffnungen ausgezeichnet. Ein häufigeres Sumpfmoos.......... **Marchantia polymorpha** ....subsp. **polymorpha**

5**. Kleinere, oft nur bis 5 mm breite, meist viel seltenere Moose. Sporogonstände – außer bei *Athalamya* – am Thallusende. Atemöffnungen nur mit starker Lupe sichtbar.

6. Thalli trocken oder zerrieben stark nach Kiefernharz (Terpentin) duftend, nur 2 – 3 mm breit, unterseits rotviolett. Habituell einer Targionia ähnliches Moos. Antheridienstände scheibenförmig, sitzend. Weibliche Gametangien- (Sporogon-)stände am Stielgrund bärtig. Auf basen- oder kalkreicher Erde sonniger Trockenrasen. In wärmsten Lagen des Hügel- und Berglandes. Meist selten. .... **Mannia fragrans**

6*. Thalli nicht auffallend duftend, breiter.

7. Thalli unterseits rotviolett, bis 10 mm breit, ohne hervorragende Bauchschuppen. Oft mit den halbkugeligen bis quadratischen, nicht tief gelappten Sporangienköpfen. Antheridienstände kurz gestielt oder sitzend (gemischtgeschlechtig).

8. Auch mit *Conocephalum* leicht zu verwechseln, aber kleiner. Thalli unterseits und oft auch am Rande rotviolett, mit tonnenförmigen Atemöffnungen. Männliche Gametangienstände auf kurzen, weibliche auf 5 –10 cm langen Stielen. Sporangienköpfe halbkugelig bis quadratisch, um 3 – 5 mm breit, am Grunde kahl. Träger mit zwei Rhizoidrinnen. Ein feuchtigkeitabhängiges, kalkstetes und entsprechend mindestens in den höheren Kalkgebirgen (Alpen) verbreitetes Moos. Zuweilen an feuchten Mauern eingeschleppt. .... **Preissia quadrata**

8*. Ähnlich der vorigen, aber Atemöffnungen linsenförmig aufgewölbt und Sporensackstände auf kürzerem, am Grunde bärtigem Stiel mit nur einer Rhizoidrinne. Antheridienstände auf der Thallusmitte sitzend. Mehr wärmeertragend, an trockeneren, basischen bis kalkhaltigen Gebirgsstandorten. Auf Erde oder erdigen Felsen. Bei uns meist selten. .... **Reboulia hemisphaerica**

7*. Thalli bis um 5 mm breit, unterseits nicht rotviolett, aber am Rande oft weißlich. Bauchschuppen wasserhell. Weibliche Köpfchen 3- – 5-teilig. Träger mit einer oder ohne Rhizoidrinne. Antheridien in der mittigen Thallusrinne eingesenkt.

9. Thallus glatt, gelb- bis olivgrün, randlich bleich oder auch purpurn. Bauchschuppen großzellig, den Rand überragend. Die weiblichen Gametangienträger aus der Thallusmitte entspringend, basal schuppig, ohne Rhizoidrinne. Zweihäusig. Selten in Trockenrasen des Hügel- und Berglandes (bis 2700 m). .... **Athalamya hyalina**

9*. Thallus blaugrün, Atemräume mit aufgewölbten Atemöffnungen. Bauchschuppen den Rand nicht überragend. Träger des weiblichen Köpfchens mit einer Rhizoidrinne am Thallusende. Gemischtgeschlechtig. Auf feuchtem Humus der alpinen Kalkgebirge relativ häufig. Tiefstvorkommen bei 650 m, aber meist erst ab 1500 m. .... **Sauteria alpina**

1*. Felderung meist unscheinbar, kaum mit der Lupe zu erkennen, desgleichen die Atemöffnungen. Thalli kleiner oder zumindest schmaler. Sporogone im liegenden, fleischigen Thallus verborgen, meist einhäusig.

10. Landbewohner, auch auf Schlamm. Thallus ohne Atemöffnungen, kahl oder mit randlicher Behaarung.

11. Nur 0,5 (– 1) cm breite, meist nur um 1 (– 2) mm dicke, kurz lineale, keilförmige bis breit obovate, selten über 10 mm lange, kahle oder am Rande behaarte Thalli. Meist kurzlebig sowie gemischtgeschlechtig und meist mit Sporogonen (s. aber 13*). Landbewohnende Riccia-Arten an meist helleren bis sonnigeren, erdigen Plätzen. Oft nährstoff- oder kalkliebend. .... **Riccia**

12. Thalli graugrün glitzernd, bis über 1 cm breit, durch Kammerung oberseits durch Einbruch der Atemhöhlen wabig, halbkreis- bis kreisförmig. Auf Schlamm trockenfallender Ufer, Teiche und Gräben. Nährstoffliebend. Oft in großen Herden. Zumindest in den größeren Stromtälern verbreitet. . **Riccia cavernosa** .... (= R. crystallina agg.)

12*. Thalli nicht gekammert, oberseits ± glatt. Meist an trockeneren Standorten.

13. Thalli kurzlebig, kahl, blaugrün, ungeflügelt, gabelig und auch halbe Rosetten bildend. Diese dann 6 – 15 mm lang und bis 8 mm breit. Ihre Äste bis 1 mm breit, länglich, vorn eiförmig und mittig mit flacher Rinne, meist nur doppelt so breit wie hoch, mit scharfem Rand. Auf verschiedensten offenerdigen Plätzen, besonders an Sekundärstandorten, wie auch auf Wegen und überdüngten Äckern. Unsere häufigste und am weitesten verbreitete Art, in den Alpen bis über 2000 m. .... **Riccia sorocarpa** .... (vgl. dort auch *R. glauca*)

13*. Thalli ausdauernd, samtig blaugrau, am Rande geflügelt, herzförmig, mit rundlichen Lappen, um 1 cm breit, mit überstehenden, weißlichen Bauchschuppen. Dazu kommen auch Borstenhaare vor. Öfter in dichten Beständen. Zweihäusig. In Trockenrasen wärmster Lagen, meist auf Silikatgestein oder Sand. Bei uns z. B. im südlichen Rheingebiet, aber auch im Thüringer Trockengebiet, im Südharz und noch in Brandenburg, aber immer selten. Häufiger z. B. in den Tälern der Südalpen. .... **Riccia ciliifera**

11*. Meist größer als ähnliche Riccien, dunkelgrün, etwa 1,0 x 0,5 cm groß, Thalli einfach oder gegabelt-keilförmig. Bauchschuppen weißlich, lang-dreieckig, den Vorderrand überragend (die ähnliche *Riccia ciliifera* ist u. a. durch ihre samtige Oberfläche zu unterscheiden). Ausgezeichnet durch deutlich sternförmige Atemöffnungen. Getrenntgeschlechtig. Eine seltene Art der Trockenrasen wärmster Lagen (z. B. in Südtirol). Wohl kalkmeidend. .... **Oxymitra incrassata**

10*. Wasser- und Schlammbewohner mit Luftkammern (Querschnitt!) und deshalb deutlicher gefeldert, kahl.

14. Thalli bandförmig und/oder gegabelt, kaum 1 mm breit, aber bis um 1 – 2 cm lang. Untergetaucht. Auch in nährstoffarmen Gewässern tieferer Lagen. Zerstreut. .... **Riccia fluitans agg.** .... (vgl. auch *R. rhenana*)

14*. Auf dem Wasser schwimmende, einfach- oder gegabelt-herzförmige, bis 10 mm breite Thalli. Unterseits mit einem dichten Besatz langer, heller, gezähnter, bandförmiger (nervenloser), im Wasser herabhängender, bis 1 cm langer Bauchschuppen. Nährstoffliebende Art stehender Gewässer wärmerer Lagen. Als einziges Moos mit Wasserlinsen auf dem Wasser schwimmend. .... **Ricciocarpus natans**

Alle wasserbewohnenden Arten bilden auch (kleinere!) Landformen.

I.B.2. Ungegliederte thallose Lebermoose – *Metzgeriales* (= Anakrogynae)

1. Thallus bleich, sonst ähnlich *Aneura*. Ein Pilzparasit, verborgen unter Deckenmoosen in Wäldern wie zwischen Torfmoos in Mooren und an anmoorigen Plätzen. Kalkmeidend. Anscheinend sehr selten, aber vielleicht nur oft übersehen. ... **Cryptothallus mirabilis**

1*. Thallus hell- bis dunkelgrün. Nicht unter/zwischen Moosen verborgen.

2. Thallusrand blattartig eingeschnitten (einer kleinen *Lophocolea* ähnlich). Um 1 – 2 cm lang und 2 – 3 mm breit. Die genannten Arten mit violettem Rhizoidenfilz und gemischtgeschlechtig, ab Spätsommer meist mit Sporenkapseln (und nur so sicher bestimmbar). Immer auf dauerfeuchten, offenen Standorten. .... **Fossombronia**

3. Nur in Torfmooren und auf Torfböden. Kalkfeindlich. (Mikroskop: Sporen gefeldert, mit schmalem Saum). .... **Fossombronia foveolata**

3*. Auf oft anlehmiger Erde lichter bis sonniger Standorte, besonders auf Äckern und vernässten Wegen sowie an Böschungen u. Ä. ziemlich verbreitet, aber selten über 1000 m. .... **Fossombronia wondraczekii** .... (*F. pusilla* ist nur mikroskopisch zu .... unterscheiden, aber auch viel seltener)

2*. Thallusrand nicht aus blattähnlichen Lappen oder mit anderer Merkmalskombination.

4. Thallus in gelbgrünen, zarten, ca. 5 – 10 mm breiten Rosetten. Fast ganz von zahlreichen, blasig-birnförmigen Perianthien überdeckt. Die schwarz- oder rotbraunen Sporen(-tetraden) treten erst nach der Zerstörung der Hüllen aus. Kurzlebig. Zweihäusig, aber in Mischrasen. Vorwiegend auf Löss, an grundfeuchten Böschungen und auf Äckern, dort meist neben *Riccien*. Selten. Nach Norden bis zum Main und nahe Duisburg. .... **Sphaerocarpus**

4*. Thallus meist größer, nie fast ganz von den Perianthien verdeckt. Oft ausdauernd.

5. Thalli 1 – 2 cm groß, ± kreisförmig, gelbgrün, ± kraus, mit gelapptem Rand, durchscheinend, mit dunklen Punkten. Oft mit um 2 mm hohen „Brutflaschen“ (goldgelbe Brutkörper) und auch Brutschuppen. Auf kalkfreien, nährstoffreicheren, vernässten Böden (vgl. *Anthoceros*). .... **Blasia pusilla**

5*. Thalli laubig-bandförmig, nicht oder gabelig geteilt, (0,3) bis um 1 cm breit, oft länger und derber, nie mit dunklen Punkten oder Brutflaschen. Auf verschiedensten Substraten.

6. Thallus mit z. T. undeutlicher, aber oft bauchseitig vorgewölbter Mittelrippe. Oft in ausgedehnten Decken. (6* nach 11*)

7. Kräftigere Moose. Thalli etwa 5 – 10 mm breit und bis über 5 cm lang. Immer an feuchten bis nassen Standorten.

8. Thalli etwas fleischig, aber mit durchscheinendem Rand, bis um 10 mm breit und etwa (1 –) 2 – 3 (– 5) cm lang, grün oder rotbraun überlaufen. Thallusrandzellen meist schon mit der Lupe erkennbar. Perichaetien dem Thallus aufsitzend. Antheridien längs der Rippe im Thallus versenkt (punktförmig). Kapsel kugelig, reif auf einem bis über 5 cm langen, glasklaren Stiel aus der Thallusmitte. Oft an schattigen, immer aber an dauerfeuchten bis nassen Standorten. .... **Pellia**

9. Thalli grün, an sonnigen Standorten bräunlich überlaufen. Gemischtgeschlechtig. Sporogone im Frühjahr häufig, aus der Achsel einer taschenartigen Schuppe (Perichaetiumrest!) entspringend. Kalkmeidend. .... **Pellia epiphylla**

9*. Ähnlich, aber angenehm duftend, mit geschlossener Hülle und zweihäusig, vor allem im Bergland, aber höchstens zerstreut. .... **Pellia neesiana**

9**. Thalli immer dunkelgrün, öfter am Rand mit geweihartigen Brutsprösschen oder ganz in solche zerteilt (mod. *furcicera*), nicht zu verwechseln mit ähnlicher *Riccardia*. Das Perichaetium bildet eine geschlossene Hülle. Zweihäusig. .... **Pellia endiviifolia**

8*. Thalli meist nur bis 5 mm breit, einschichtig und leuchtend grün (nie bräunlich). Ansonsten einer *Pellia* am ähnlichsten. Von dieser auch unterschieden durch längliche Kapseln und das Perichaetium, das von einem Kranz zerschlitzter Hüllblätter umgeben ist. Sporen klein. Meist seltene Arten.

10. Thallus hellgrün, meist nicht gegabelt, 4 – 5 mm breit und 2 – 4 cm lang, mit welligem Rand. Getrenntgeschlechtig. Vor allem in Torfmooren, neben *Sphagnen*. Früher häufiger in Norddeutschland, heute selten, sehr selten im Süden. .... **Pallavicinia lyellii**

10*. Thallus gelb- bis tiefgrün, gegabelt. Ähnelt *Pellia endiviifolia*, aber nie mit Brutästen und mehrschichtigem Lager sowie frisch sehr unangenehm riechend. Mit haarförmigen Unterblättern und männliche Pflanzen auf der Mittelrippe dicht kleinschuppig. Ein- oder zweihäusig. An vernässten bis nassen Plätzen, z. B. auch an Wegböschungen. Im Flachland und in unteren Gebirgslagen meist sehr selten, aber häufiger in den Kalkalpen. Kalkstet. .... **Moerckia hibernica** (Die kalkmeidende, immer zweihäusige *Moerckia blyttii* zeichnet sich durch wellige, aufgebogene Thallusränder aus. Dazu ist die Oberseite der Thalli langs der Rippe immer mit zahlreichen krausen Blättchen besetzt. Selten in Quellsümpfen der höheren Mittelgebirge und der Alpen.)

7*. Thalli meist unter 1 mm (selten bis fast 2 mm) breit. Meist zierliche, sterile Moose.

11. Thalli kahl oder am Rand etwas kurzhaarig, saft- bis gelbgrün, z. T. mit sich randlich abschnürenden Brutsprossen. Meist unter 1 mm breit, in 1 cm bis handtellergroßen sehr flachen Decken. Mit borstiger Haube (Kalyptra). Auf basenreicher, oft kalkhaltiger Unterlage auf Gestein oder Borke, niemals im Sumpf und selten auf Erde... **Metzgeria**

12. Thalli völlig flach, mit ± länglichen Brutsprossen (fo. *ulvula*) oder ohne. Winzig und unverzweigt oder gabelig und bis fast 1 mm breit und über 10 mm lang. Einzeln oder in Decken. Getrenntgeschlechtig, selten mit Sporogonen. Weit verbreitet in Wäldern, auf nährstoffreicherem Gestein und Laubholzborke, kalkhold.... **Metzgeria furcata**

12*. Thalli mit meist deutlich umgebogenem Rand.

13. Thalli bis 2 mm breit und 2 – 3 cm lang, am Rande kurzhaarig. Gemischtgeschlechtig. An nassem, basenreichem Gestein und feuchtschattigen Böschungen, auch auf Kalk. Im Gebirge ziemlich verbreitet, aber in der Ebene fast fehlend. .... **Metzgeria conjugata** .... (inkl. *M. simplex*)

13*. Thalli ähnlich *M. furcata*, aber mit bis auf die Rippe verschmälerten, vom Substrat abstehenden Brutästen, an deren Ende die breit eiförmigen Brutkörper sitzen. An Laubholz- und Tannenborke. Gebirgsart. Nach Norden bis in die Eifel. .... **Metzgeria consanguinea** Im Gelände täuschend ähnlich ist *Metzgeria fruticulosa*. Diese hat eine weitere Verbreitung und kam zumindest früher auch in der nordwestdeutschen Ebene öfter vor. Sie unterscheidet sich vor allem dadurch, dass sich die abgestorbene Pflanze blau färbt.

11*. Thallus dicht kurzhaarig und deshalb graugrün (trocken auch grau), ohne Brutsprosse, bis 1,5 mm breit und 2 – 3 cm lang, oft in großen Rasen und Polstern. Den anderen *Metzgerien* nur wenig ähnlich. Sporogone unbekannt. Nur im Gebirge und kalkhold. An Kalkfelsen und basen- bzw. kalkreicher Laubholzborke in luftfeuchter Lage. Meist über anderen Moosen. In den Kalkgebirgen ziemlich verbreitet, sonst selten und in der Ebene fehlend. .... **Apometzgeria pubescens**

6.* Thallus ohne Mittelrippe, meist kleiner. Perianth und Sporogon randständig.

14. Thallus dunkelgrün, fettglänzend, oft ungeteilt, fleischig/flachrinnig, 2 – 10 mm breit und bis ca. 2 cm lang. Getrenntgeschlechtig. Kalkhold. An meist hellen, nassen bis quelligen Standorten, oft zwischen Laubmoosen. Kalkhold und auch auf Tuff. Im Bergland verbreitet und noch bis 2500 m. Seltener in der Ebene. .... **Aneura pinguis**

14*. Thallus meist dunkelgrün bis bräunlich, seltener auch hellgrün, zierlich und dünn, mit unter 1 mm (selten bis 2 mm) breiten, 5 – 10 (– 30) mm langen, meist linealischen Lappen, meist verzweigt, gabelig oder auch fiederig. Völlig kahl. Zuweilen auch ausgedehntere Decken bildend. An nassen oder zumindest luftfeuchten Standorten. Meist kalkmeidend und nie an Borke. . . **Riccardia** (Nur *Pellia endiviifolia* mod. *furcigera* könnte zu Verwechslungen führen, ist aber auf kalkhaltige Böden beschränkt).

15. Thallus am Rand durchscheinend. Auch bräunlich, trocken schwarz. Regelmäßig doppelt oder 3-fach gefiedert. Die Lappen kaum 0,5 mm breit, 5 bis über 20 mm lang. Gemischtgeschlechtig. An vernässten Standorten, auf Wegen, aber auch an überrieselten Felsen und in Quellmooren. Nährstoffliebend. Im Bergland zerstreut und selten in der Ebene. . . . . **Riccardia multifida**

15*. Thallus bis zum Rand mehrschichtig und deshalb nicht durchscheinend, höchstens undeutlich fiederig.

16. Thalli saftgrün, unregelmäßig gefiedert, die Thalli bis 3 cm lang, mit bis 2 mm breiten Lappen. Submers auf Bachgestein. Landformen auf vernässter Erde, z. B. Wegen, sind zarter und von Kümmerformen der vorigen Art schwer zu unterscheiden. Sehr zerstreut bis selten. . . . . . **Riccardia chamaedryfolia**

16*. Thalli handförmig geteilt, meist unter 1 cm lang. Öfter mit Brutkörpern. Auf Rohhumus und kalkmeidend.

17. Thallus hellgrün, dem Substrat anliegend, mit zungenförmigen, an der Spitze eingekerbten Lappen. Gemischtgeschlechtig. Öfter mit Perichaetien. Auf feuchtem Torf und morschem Holz zerstreut. . . . . **Riccardia latifrons**

17*. Thallus dunkelgrün, vom Substrat abstehend, mit linealischen, nur 0,2 – 0,3 mm breiten Lappen. Auf morschem Holz, besonders Nadelholzstümpfen. Höhere Mittelgebirge und Alpen ziemlich häufig, aber nördlich der Mittelgebirge fehlend. . . . . **Riccardia palmata**

II. Beblätterte Lebermoose – *Jungermaniales* (*Acrogynae*)

1. Seitenblätter nicht ganz voneinander getrennt. Sporogone hinter dem Thallusscheitel angelegt. Vgl. bei I.B.2. .... **Fossombronia**

1*. Seitenblätter völlig voneinander getrennt. Sporogone endständig (akrogyn).

2. Blätter gefranst bis tief zerteilt oder ganz in haarförmige Zipfel aufgeteilt.

3. Pflanzen 1– 3 mm breit, zierlich bis kräftig (dann bis über 2 – 3 cm lang), oft braungrün bis braunrot. Blattlappen gefranzt. Kalkmeidend. An armen trockeneren Standorten. . ... **Ptilidium**

3*. Blätter ± völlig in haarförmige Zipfel zerteilt, nie rötlich. An feuchten bis nassen Standorten.

4. Pflanzen nur wenige mm lang, meist unter 0,5 mm breit, unregelmäßig verzweigt. (Blattzipfel 1-zellreihig). Kalkfeindlich. Nie in Sümpfen. .... **Blepharostoma** .... (vgl. auch *Kurzia*).

4*. Pflanzen kräftig, bis um 5 cm lang (auch in ausgedehnten Decken), fiederig, filzig erscheinend. Basiphytisch. An dauernassen Standorten. ..... **Trichocolea tomentella**

2*. Blätter ungeteilt bis gelappt, nie wie vorige.

5. Blätter ± längs inseriert, ober- oder unterschlächtig. Ungeteilt oder 2-lappig bzw. – 21* – bis mehrlappig (5* nach 47*).

6. Blätter ungeteilt (nur bei *Calypogeia* und *Nardia geoscyphus* kommen ± kurz 2-lappige Blätter vor), nicht gefaltet, d. h. ohne Unter- oder Oberlappen oder Ähnlichem. Breit elliptisch/eiförmig bis kreisförmig (6* nach 17*).

7. Blätter oberschlächtig, Stängel meist um 1 cm lang und 2 – 3 mm breit. Vorwiegend auf nackter Erde. Kalkmeidend. Unterblatt meist 2-lappig. Öfter mit gelblichen Brutkörperhäufchen an der Stängelspitze. Kalkmeidend. An frischen, meist schattigen, kalkfreien Standorten auf Erde, Humus und morschem Holz. .... **Calypogeia**

8. Seitenblätter kurz zweizipfelig oder mit kleiner Einkerbung an der Blattspitze. Unterblätter bis 3/4 geteilt. Vorwiegend in den unteren Lagen und meist auf Erde.

9. Oberflächlich einer *Lophocolea* ähnlich. Eine westliche Art und in Westdeutschland nicht selten. .... **Calypogeia arguta**

9*. Habituell ähnlich ist die folgende Art, aber oft heller grün. In unteren Lagen oft verbreitet, aber im höheren Gebirge meist ganz fehlend. .... **Calypogeia fissa** (Ähnlich ist *C. sphagnicola*, ein selteneres Moormoos.)

8*. Seitenblätter immer abgerundet und Unterblätter nicht oder wenig eingeschnitten.

10. Unterblätter fast kreisrund. Vorwiegend auf morschem Holz. Vor allem im Bergland. Ziemlich selten. .... **Calypogeia neesiana** (Ähnlich ist die ebenfalls seltenere *C. integristipula*; ihre Unterblätter nehmen eine Mittelstellung zwischen dieser und der folgenden Art ein.)

10*. Unterblätter bis 1/2 eingeschnitten.

11. Pflanze oder zumindest die Kapselstiele mit bläulichem Schimmer (mit blauen Ölkörpern). Seitenblätter breiter als lang. Unterblätter etwa stängelbreit. Vor allem im höheren Gebirge. In tieferen Lagen meist selten. .... **Calypogeia azurea** .... (= C. trichomanes p.p.)

11*. Pflanze grün, nie bläulich. Seitenblätter so breit wie lang, aber Unterblätter mindestens doppelt so breit wie der Stängel. Unsere häufigste *Calypogeia*. Meist auf Erde, aber auch auf Rohhumus u. Ä. .... **Calypogeia muelleriana** (Ähnlich aber kaum 5 mm lang und nur auf morschem Holz in Bergwäldern ist die seltene *C. suecica*.)

7*. Blatter meist deutlich unterschlächtig (wenn nicht eindeutig vgl. aber 5* nach 47*).

12. Mit kleinen, geteilten Unterblättern. Blätter ganzrandig. Feucht- und Wassermoose von ca. 1 cm Länge. .... **Chiloscyphus** Ähnlich ist die feucht stark duftende *Lophocolea heterophylla*.

13. Nur untergetaucht und am Ufer von Gewässern findet sich an kalkarmen Steinen und Baumwurzeln die grüne .... **Chiloscyphus polyanthos**

13*. An ähnlichen, aber basen- bis kalkreichen Standorten, wie auch auf Böden feuchter Auwälder und an Kalkgestein wächst die an Land bleichgrüne .... **Chiloscyphus pallescens**

12*. Ohne deutliche Unterblätter.

14. Mit (meist) auffällig gewölbten, gezähnten, asymmetrischen, auf dem Stängel deutlich herablaufenden (breiteiförmigen) Blättern. Pflanzen mindestens 2, oft bis über 5 cm lang. Sehr selten mit Perianthien. Öfter auch in größeren Decken. Am Boden reicherer, frischer Laubwälder ziemlich verbreitet. .... **Plagiochila asplenioides**
– Als **Plagiochila porelloides** bestimmt man höchstens 1 – 2 cm lange, meist ganzrandige Pflanzen mit oft nicht gewölbten Blättern. Auf basen- und kalkhaltigem Gestein (oder selten auch auf Borke). Weiter verbreitet als die obige Art.

14*. Blätter flach, immer ganzrandig. Nur um oder unter 1 cm große Pflanzen, nur selten auf Erde und fast nur im Gebirge.

15. Oliv- oder braungrüne, niederliegende Pflanzen. Seitenblätter nicht deutlich herablaufend, elliptisch bis abgerundet-rechteckig und die Endblättchen zusammengeneigt (wie betende Hände). Perianthien frei.

16. An feuchtschattigem Kalk- oder kalkhaltigem Gestein der Gebirge. Zerstreut. Fehlt im Flachland. Gemischtgeschlechtig und mit abgeflachtem Perianth (im Zweifelsfall mit Kümmerformen von *Plagiochila* vergleichen)....... **Pedinophyllum interruptum**

16*. An kalkfreiem Gestein, Rohhumus und morschem Holz. Stängel 1 – 2 cm lang. Getrenntgeschlechtig. Perianth walzlich und oben kantig. Sehr zerstreut im Gebirge und selten in der Ebene. .... **Jamesoniella autumnalis**

15*. Pflanzen nicht oliv- oder bräunlich grün. Blätter (außer bei 18.) nie abgerundet-rechteckig, sondern abgerundet-herzförmig, kreisförmig oder breitelliptisch. Perianth zur Hälfte aus den Blättern herausragend und oben meist faltig (bei Arten der Untergattung Plectocolea ganz eingesenkt). Hygrophytisch. Zweihäusig. .... **Jungermannia**

17. Kalkmeidende Arten.

18. Meist mit den am Stängelende sitzenden, glatten, walzlichen, oben gestutzten Perianthien. Seitenblätter waagerecht abstehend, dicht gestellt. Meist auf feuchtem, morschem Holz, seltener an feuchtem Sandstein. Kalkmeidend. Im höheren Gebirge ziemlich verbreitet, sonst selten. .... **Jungermannia leiantha**

18*. Perianthien länglich-elliptisch bis birnförmig, an der Spitze gefaltet. Seitenblätter oft fast quer gestellt, abgerundet herzförmig, kreisförmig oder breitelliptisch. Nicht auf morschem Holz und kaum auf Sandstein.

19. Seitenblätter kreisrund, halb stängelumfassend.

20. Zumindest die Blätter unter dem Perianth mit deutlichem, aus verstärkten Zellen gebildetem Saum. Die grünen bis rötlich-braunen, niederliegenden, kaum 5 mm langen Stängel mit zahlreichen kleinblättrigen Trieben (Blätter kaum 0,5 mm). Getrenntgeschlechtig, aber öfter mit Perianthien. Auf offenerdigen, vernässten Plätzen auf Waldwegen, an Böschungen etc. Sehr vielgestaltig, in den unteren Lagen der Silikatgebirge wie in der Ebene, ziemlich verbreitet. .... **Jungermannia gracillima**

20*. Seitenblätter immer ungesäumt, bis 1 mm groß. Stängel 1 – 2 cm lang, unterseits mit auch rötlichem Rhizoidenfilz, grün bis dunkelgrün. Im Frühjahr oft reichlich sporulierend. Vor allem an quelligen Orten und überrieseltem Gestein. Nur in den höheren Silikatgebirgen häufiger und der Ebene fehlend. .... **Jungermannia sphaerocarpa** (Die ähnliche *Jungermannia* obovata ist frisch am Karottengeruch zu unterscheiden.)

19*. Seitenblätter abgerundet-3-eckig-herzförmig. Stängel meist nur um 5 mm lang. Mittelgebirgsmoos auf feuchtem bis vernässtem Gestein, seltener auf Erde.

.... **Jungermannia pumila** (Ähnlich ist die kalkstete *Jungermannia atrovirens*, diese ist aber gemischtgeschlechtig (stets mit Perianthien!) und seltener.)

17*. Calciphytisch. Getrenntgeschlechtig. Blattschnitt und Größe wie bei Jungermannia pumila. Stängel hell- bis dunkelgrün, meist nur bis 10(– 15) mm lang. Auf feuchtschattigem bis vernässtem, kalkhaltigem Substrat. Alpen und Mittelgebirge nicht selten, nördlich fehlend. Oft mit *Mesoptychia collaris*. .... **Jungermannia atrovirens**

6*. Seitenblätter ± tief geteilt, unter- oder oberschlächtig.

21. Seitenblätter zweilappig (seltener quer inseriert). (21* nach 33*)

22. Seitenblätter mit fast immer ungleichen Lappen. (22* nach 23*)

23. Seitenblätter scharf gefaltet oder stark gekrümmt, dadurch nur anscheinend einfach, meist mit ungleich großen Ober- oder Unterlappen. (23* nach 32*)

24. Seitenblätter oberschlächtig, mit unterseits verborgenem, kleinerem oder sackförmigem Unterlappen, meist (außer bei *Radula* und *Cololejeunea*) mit Unterblättern. Gewöhnlich an Felsen oder Borke. (24* nach 29*)

25. Blätter ohne Unterblätter, mit angedrückten, spitzen, kleinen Unterlappen. Pflanzen dem Substrat anliegend, 1 – 2 cm lang, gelbgrün. Oft mit endständigem, plattem Perianth. Blattrand oft mit Brutkörpern. **Radula**

25*. Blätter (außer bei der winzigen *Cololejeunea*) mit Unterblättern.

26. Kräftige, meist über 2 (bis über 5) cm lange, mindestens 5 mm breite, ± regelmäßig gefiederte, dunkel- bis braungrüne Pflanzen in ± ausgedehnten Decken. Unterlappen nicht angedrückt, aber abgerundet. Perianthien selten. .... **Porella**

26*. Pflanzen zierlicher, meist kleiner, kaum über 1 mm breit. Kleinere Rasen (dann dem Substrat angedrückt) bis lockere, größere Decken bildend. Unterseitige Blattlappen als kleine Taschen oder in Sackform. Unterblätter fast immer 2-lappig.

27. Pflanzen dunkelgrün bis rotbraun oder schwärzlich. Oft über 5 mm (bis 5 cm) lang, ± gefiedert. Unterseits mit Wassersäcken (oder freiem Läppchen). Wie *Porella* meist an auch zeitweise austrocknenden Substraten. .... **Frullania**

27*. Pflanzen hellgrün, meist zierlicher, oft unter 5 mm lang, mit kleinen, am Unterrand angewachsenen Wassertaschen. Mindestens Feuchtluftpflanzen: *Lejeuneaceae*.

28. Meist an feuchten bis nassen Felsen, aber auch an Borke in luftfeuchter Lage. Pflanzen bis 5 mm, maximal bis 10 mm groß und öfter in ausgedehnten (bis handgroßen) Decken. .... **Lejeunea**

28*. Desgleichen, aber mit bloßem Auge kaum erkennbare, winzige Pflanzen.

29. Um 2 mm lang. Nie mit Perianthien. Fast nur an glatter Borke luftfeuchter Lagen, auch über anderen Moosen, insbesondere in Bachtälern. Nur in West- und Süddeutschland. .... **Microlejeunea ulicina**

29*. Perianthien häufig. Mattgrün (papillös!), meist auf *Neckera crispa* oder *Thamnobryum* auf ± dauerfeuchtem, schattigem Gestein. Kleine grüne Häufchen bildend oder als Einzelpflanzen. (Gegenüber *Lejeunea*: Seitenblätter zugespitzt). Mit blasigen Unterblatttaschen (und ohne Unterblätter). Kalkgebirgsmoos. Selten auch auf kalkhaltigem Gestein. .... **Cololejeunea**

24*. Seitenblätter unterschlächtig, seltener ± quer inseriert. Blattlappen ziemlich ungleich.

30. Blattlappen lanzettlich, stark gekrümmt und bauchig. Blätter bis 1 mm lang. Lichtformen rotbraun. Auf glattem, morschem Holz, selten an feuchtem Sandstein. .... **Nowellia curvifolia**

30*. Blattlappen weder stark gekrümmt, noch scharf gefaltet. Blätter mit großem Haupt- und einem kleineren Nebenlappen sowie ohne Unterblätter. Brutkörper der Lappenspitzen rotbraun. An dauerfeuchten Standorten. Kalkmeidend. .... **Tritomaria** (30** nach 31*.)

31. Pflanzen meist 2 – 3 (– 4) cm lang und 3 – 5 mm breit, frischgrün, oft in größeren,

bis handgroßen Decken. Lappen bespitzt (habituell oft sehr ähnlich *Barbilophozia hatcheri* (s. dort), die aber ± symmetrisch gelappt ist!). Meist an Felsen reicheren Gesteins nicht selten. In den Alpen bis über 3000 m steigend. In Ebenen selten. .... **Tritomaria quinquedentata**

31*. Winzige, braungrüne, meist kaum 5(– 10) mm lange Pflanzen in kleinen Rasen. Blattspitzen immer reichlich mit Brutkörpern. (Ähnliche *Lophozien* haben symmetrische Blätter.) An nährstoffarmem Gestein, morschem Holz oder selten auf Erde. Im Gebirge ziemlich verbreitet. .... **Tritomaria exsecta** agg. (*T. exectiformis* ist häufiger und kommt auch in der Ebene vor, ist jedoch nur mikroskopisch zu unterscheiden.)

30**. Seitenblätter meist scharf gefaltet. Von den zwei ungleichen Lappen erscheint der obere als (oft) kleineres, „aufgelegtes Blatt" (von oben scheinbar 4-zeilig beblättert). Unterblätter fehlen. Oft mit Brutkörperhaufen an den Lappenenden.

32. Blattlappen etwa so lang wie breit, meist eckig. Brutkörper gelb oder rotbraun. Um (0,5 –) 1 – 2 (– 5) cm große Erd- und Felsmoose sowie an morschem Holz. Zuweilen calciphytisch. .... **Scapania** An Kalk wachsen **Scapania aspera** (und **Scapania aequiloba**), an Silikatgestein **Scapania nemorea** und **Scapania compacta** und in Bächen **Scapania undulata**. Auch an dauerfeuchte Standorte gebunden sind die kleinen **Scapania curta**-Verwandten. Die Bestimmung der letzteren, wie der übrigen, meist seltenen Arten sollte man den Spezialisten überlassen. Gute Belege – möglichst mit Perianthien – wären dann gewünscht.

32*. Blätter mit ± schmalen, zungenförmigen, (längeren als breiten), spitzen oder abgerundeten, größeren Unter- und ähnlichen, aber kürzeren, Oberlappen. Brutkörper gelb. Kalkmeidend. Nie an morschem Holz. .... **Diplophyllum** (Ähnliches *Fissidens* hat immer eine echte, kräftige Rippe.)

23*. Seitenblätter flach bis rechtwinklig (nicht scharf) geknickt, mit ungleichen Lappen. . ... **Tritomaria**

22*. Seitenblätter meist mit ± gleichgroßen Lappen, unterschlächtig (bis quer inseriert), weniger scharf gefaltet. Z. T. mit unscheinbaren Unterblättern. 2- bis 4-lappig (wenn lang gewimpert oder fein zerteilt siehe 2.).

33. Blätter flach oder ± schwach gekielt, spitzlappig. Blattlappen einwärts gebogen oder gerade (oder ein Lappen bauchig). (33* nach 42**.)

34. Größere (außer 35.), meist über 0,5 – 3 cm lange, gelbgrüne Pflanzen mit zweiteiligen Unterblättern und aufgeweicht typischem, „stickigem" Geruch. .... **Lophocolea**

35. Mit randständigen Brutkörpern, kleiner (selten über 5 mm) und kalkhold (alle übrigen Lophocoleen sind kalkmeidend und deutlich größer!). An Gestein, auf Erde und seltener an Borke. .... **Lophocolea minor**

35*. Meist ohne Brutkörper (selten bei fo. *gemmifera*) und mit z. T. abgerundeten Blättern, oft mit Perianthien. Thalli um 1 cm lang (oder länger). Vor allem und sehr häufig auf morschem Holz. ... **Lophocolea heterophylla**

35**. Nie mit Brutkörpern. Bleichgrüne bis gelbliche, ca. 2 – 5 cm lange Pflanzen und nur die hellgrüne var. *rivularis* (= L. cuspidata) mit Perianthien. Besonders an Böschungen, oft zwischen anderen Moosen. Sehr verbreitet bis in mittlere Gebirgslagen. .... **Lophocolea bidentata**

34*. Meist nicht über 5 mm lange, grüne oder auch rötliche Pflanzen ohne (oder mit sehr unscheinbaren) Unterblättern.

36. Seitenblätter auf der Stängeloberseite längs, unterseits aber quer angewachsen, oval, sehr kurz eingeschnitten, mit umgebogenem Hinterrand. .... **Anastrepta orcadensis**

36*. Seitenblätter tiefer eingeschnitten, deutlich 2-lappig. Lappen meist spitz (wenn stumpflich siehe 26* und 33*).

37. Gewöhnlich mit Brutkörperhaufen an den Blattspitzen. Kalkmeidend. ..... **Lophozia**

38. Blattlappen meist deutlich gezähnt. Pflanzen blaugrün. .... **Lophozia incisa**

38*. Seitenblätter mit ganzrandigen Lappen, nie blaugrün.

39. Brutkörper gelb. ... **Lophozia ventricosa**

39*. Brutkörper rotbraun. Perianthien oval.

40. Gerieben nach Harz duftend. Perianthien reichlich, mit wimperig gezähnter Mündung. Ebene bis Gebirge. In Trockenrasen: „Heidemoos". .... **Lophozia bicrenata**

40*. Duftlos. Perianthienmündung nur gezähnt. Meist ziemlich verbreitete, jedoch ± feuchtigkeitsabhängige Arten. Ebene bis Gebirge, zerstreut: **Lophoziopsis excisa**, dsgl. **Lophozia sudetica**, hauptsächlich in den höheren Gebirgen und sonst selten. Die Blätter seicht ausgerandet., dsgl. **Lophoziopsis longidens**, Blattlappen lanzettlich bis 1/2 so lang wie das Blatt.

37*. Brutkörperhaufen an den Blattenden fehlend. Lappen auch stumpflich (oder abgerundet).

41. Kalkstete Moose ohne Brutkörper. Frisch z. T. würzig duftend. **Mesoptychia collaris** .... (= Lophozia collaris)

41*. Wie die *Lophozia*-Verwandten, aber meist viel zierlicher (Stängel meist kaum über 3 mm), mit oft einwärts gebogenen Blattzipfeln. Blätter längs oder bis fast quer angewachsen, immer weit unter 1 mm lang. Brutkörper selten oder fehlend

42. Durch Wachsausscheidung graue Überzüge bildend auf nackter Erde in Schneetälchen der Alpen über 2000 m. Die winzigen Pflanzen sind dachziegelig beblättert, mit gleichgroßen Unterblättern, niederliegend. Gemischtgeschlechtig. Ohne Brutkörper. Bodenvag. .... **Anthelia juratzkana** (Viel seltener, in 1 – 3 mm hohen oder höheren, blassgrünen Polsterrasen sowie in Felsnischen vorkommend ist **Anthelia julacea**)

42*. Meist hellgrüne, nie graue und nie in Schneetälchen vorkommende Arten. An feuchtschattigen, kalkfreien Standorten oder wenn besonnt auf nassen Plätzen. Brutkörper selten. Pflanzen oft mit dem typisch 3-kantigen Perianth. Kümmerformen können *Cephaloziella*-Arten ähneln, haben aber ± größere Zellen. Fast immer kalkmeidend. . ... **Cephalozia**

42**. Ähnlich ist *Cephaloziella*, aber meist dunkelgrün und noch kleiner, nur 2 – 3 mm lang. Auch an besonnten, lange trockenen Plätzen und dann schwärzlich. Blätter unter 0,5 mm lang. Rasen wie aus winzigen Perlen bestehend, oft auch zwischen *Grimmia*-Arten u. Ä. Perianthien selten (wenn mit, dann die selteneren, nur mikroskopisch bestimmbaren Verwandten). Meist auf Erde an sonnigen Plätzen, so an Böschungen und in Trockenrasen. Verbreitet, aber leicht zu übersehen. Kalkresistente Arten sind sehr selten. .... **Cephaloziella** Häufiger ist fast nur **Cephaloziella divaricata**. Meist ohne Perianthien, jedoch mit kümmerlichen Unterblättern. In luftfeuchter Lage zuweilen auch an Borke.

33*. Blätter stumpflappig (vgl. auch *Marsupella*, aber dort, wenn tieflappig, Lappen spitz!). Kalkmeidend. Pflanzen bis 1 cm groß, grün bis schwärzlich, sich allein seitlich verzweigend! Perianthien birnförmig und leicht abbrechend (dadurch vegetative Vermehrung!). Auf feuchtem Moorboden und in luftfeuchter Lage auch an anderen kalkfreien, feuchteren Standorten, z. B. an Felsen und Borke. Ähnliche *Lophozia obtusa* ist sehr selten und kräftiger gebaut. .... **Gymnocolea inflata** (*Cladopodiella fluitans* ist täuschend ähnlich, unterscheidet sich aber durch reichliche bauchabwärts gerichtete (= ventrale) Verzweigung. Außerdem ist sie eine ziemlich seltene, allein auf sehr nasse, oligotrophe Moore und deren Schlenken beschränkte Art. Hauptverbreitung in der Ebene. Im höheren Gebirge selten. (Bei stumpflichen Blattlappen vgl. auch *Lophocolea heterophylla* (35*.) und wenn auf Kalk *Mesoptychia* (41.).)

21*. Blätter mehrlappig oder zumindest mit grob gezähnter Spitze, unter- oder oberschlächtig.

43. Pflanzen unterschlächtig (bis fast quer) beblättert, tief 3- bis 4-lappig, 1 – 3 cm (oder länger, selten kleiner) groß. Lappen etwa gleichgroß. Oft mit Unterblättern. Brutkör-

per, wenn vorhanden, rotbraun. Kümmerformen sind 2-lappig. . . . . **Barbilophozia**

44. Lappen nicht bespitzt und Unterblätter meist fehlend. Braungrüne, ziemlich häufige Art, auch an öfter austrocknenden Standorten. . . . . **Barbilophozia barbata**

44*. Lappen mit Unterblättern und meist deutlich (durch 1 – 2 lange Zellen) bespitzt und kräftiger als vorige, fast nur im höheren Gebirge. . . . . **Barbilophozia hatcheri** (Kräftiger, gewellt, mit kleineren Seitenlappen und noch seltener ist **Barbilophozia lycopodioides**.)

44**. Ähnlich kleineren Formen der vorigen, aber meist mit aufrechten, stabförmigen Brutsprossen. . . **Barbilophozia attenuata**

43*. Pflanzen oberschlächtig, mit ± tief eingekerbten Blattspitzen und mit Unterblättern. Blätter oft abwärts gebogen.

45. Meist gelbgrüne, zierliche bis winzige, selten bis 2 mm breite, ± deutlich gefiederte Pflanzen mit gelappten Unterblättern.

46. Pflanze 1 – 2 mm breit. Blätter bis zu 1/3 tief gelappt. Häufiges Waldmoos. . . . . **Lepidozia reptans** (Unsere zweite Art, *Lepidozia pinnata*, ist ein äußerst seltenes atlantisches Moos.)

46*. Winzige, unter 0,5 mm breite, kaum 1 cm lange Einzelpflanzen zwischen *Sphagnen* oder in Rasen auf feuchtem Rohhumus oder Torf und an feuchtem Sandstein. Ziemlich selten. Blätter über die Hälfte in zwei Zellen breite Läppchen zerteilt. . . . . **Kurzia**

45*. Pflanzen oft viel größer (wenn kleiner, ohne gelappte Unterblätter), gabelig verzweigt. . . . . **Bazzania**

47. Meist große, dunkelgrüne, kräftige (bis über 5 cm lange und 2 – 4 mm breite), gabelig verzweigte Pflanzen in ± ausgedehnten Decken. Vorwiegend auf humosem Waldboden, insbesondere in Nadelwäldern (z. T. mit Aufforstungen verschleppt), wie auch an trocken-schattigen Silikatfelsen. Zerstreut bis verbreitet. . . . . **Bazzania trilobata**

47*. Kleinere, höchstens 2 mm breite, seltenere Moose. Vorwiegend an Silikatgestein und Borke. In der Ebene fehlend. Blätter fast dreieckig, etwas eingebogen. Stängel bis um 2 (– 3) cm lang. . . . . **Bazzania tricrenata** (**Bazzania flaccida** ist noch zierlicher (Stängel kaum 1 cm) und hat mehr zungenförmige, relativ längere Blätter.)

5*. Blätter schräg bis ± quer inseriert (selten schwach unterschlächtig; vgl. auch *Jungermannia sphaerocarpa*!). Alle kalkmeidend.

48. Blätter abgerundet kreisförmig (vgl. aber *Nardia geoscypha*). Mit lanzettlichen, abstehenden Unterblättern. Pflanzen oft über 1 cm groß. (48* nach 49*).

49. Pflanzen durchscheinend hellgrün, bzw. an sonnigen Standorten rötlich, Stängel (0,5 –) 1 – 2 cm lang, selten länger. Blätter ± kreisrund, ohne Brutkörper. Hüllkelche mit den Hüllblättern verwachsen, eingesenkt. Vorwiegend auf feuchtem (auch humusreichem) Mineralboden. . . . . **Nardia** (vgl. auch . . . . *Jungermannia gracillima*)

50. Oft in größeren, ausgedehnten Rasen. Kräftigere Stängel aufrecht, bis 2 (– 4) cm hoch. Seitenblätter meist kreisrund. Getrenntgeschlechtig, aber öfter reich sporulierend. In den Alpen (– 2640 m) und im Mittelgebirge (bis ins Vorland) an dauerfeuchten, offenen Plätzen verbreitet, besonders an Wegen und deren Böschungen. . . . . **Nardia scalaris**

50*. Etwas kleiner – Stängel bis 1 cm – und u. a. durch ± tief ausgerandete, kaum quer stehende Seitenblätter sowie Gemischtgeschlechtigkeit unterschieden. Eine auch in der Ebene nicht seltene Art. Dazu in den Alpen bis 2500 m. . . . . **Nardia geoscyphus**

49*. Pflanzen trüb dunkelgrün, bräunlich, meist kräftiger. Blätter abgerundet 4-eckig (oder 3-eckig), oft mit Brutkörpern an der Spitze. Perianth frei. Auf feuchtem bis nassem Rohhumus, morschem Holz, Torf oder zwischen *Sphagnum*. Ähnlich und an den gleichen Standorten kommt *Odontoschisma sphagni* vor (*O. denudatum* hingegen neben *Mylia taylori*, vor allem in höheren Lagen). . . . . **Mylia**

48*. Blätter wenigstens schwach gelappt, ohne Unterblätter. Vorwiegend in den höheren Gebirgen und immer an Silikatgestein (auch in der Ebene und auf Erde nur *Marsupella funckii*).

51. Triebe ± wurmförmig, mit dicht stehenden bis angepressten Blättern. Stängel aufrecht in dichten Polsterrasen. Nie mit Brutkörpern. Die Archegonien von einer mehrschichtigen Hülle umgeben, einem Marsupium. (51* nach 54*).

52. Dunkelgrüne, an sonnigen Plätzen schwärzliche Moose. Kalkmeidende Silikatmoose. Oft längere Austrocknung ertragend. Blätter locker bis dichter inseriert. (Zellnetz mit knotigen Eckverdickungen. Je Zelle meist zwei große, wurstförmige Ölkörper.) Blätter schräg abstehend, ± gekielt. Die unten behandelten, weniger seltenen Arten getrenntgeschlechtig. .... **Marsupella**

53. Blätter wenig eingeschnitten (emarginat), mit z. T. stumpflichen Lappen. Polsterrasen 0,5 – 2 (– 5) cm hoch. Mittelgebirge und Alpen zerstreut. Sehr selten in der Ebene. ... . **Marsupella emarginata**
An Fließgewässern kommt auf überspültem Felsgestein die kräftigere (sie soll bis 10 cm lange Stängel entwickeln!), viel seltenere var. **aquatica** vor. In den Mittelgebirgen (meist über 500 m) nach Norden bis ins Sauerland und die Rhön. Auch in den Alpen.

53*. Weiter verbreitet und auch in der Ebene (früher) zerstreut ist . **Marsupella funckii**
Sie wächst öfter in ausgedehnten Rasen, ihre Stängel werden aber höchstens 1 cm lang. Die feucht sparrig abstehenden Blätter bis zur Hälfte eingeschnitten, mit spitzen Lappen. An Silikatgestein, wie auch öfter auf sandig-kiesigem Boden, so auf naturnahen Wegen. Die meisten übrigen Arten sind auf höhere Gebirge beschränkt und auch für Bryologen oft schwer bestimmbar. Alle Vorkommen (aber zurückhaltend!) zu belegen!

52*. Nie schwarze, zumindest feucht meist graugrüne oder bräunliche Pflanzen, aber sonst ähnlich voriger Art. Jedoch Stängel keulenförmig, mit dicht anliegender, geschlossener Beblätterung. In 2 bis 50 mm hohen Polsterrasen. Meist an sonnigem Silikatgestein der oberen Bergstufe der Mittelgebirge. In den Alpen meist nur subalpin. Im höheren Mittelgebirge selten, aber zerstreut in den Alpen.. .... **Gymnomitrion**

54. Mit zylindrischen, bis 3 cm langen, feucht lichtgrünen Trieben und bis 1/3 tief eingeschnittenen Blättern. In den Hochlagen der höheren Mittelgebirge und in den Alpen (dort bis 3400 m). .... **Gymnomitrion concinnatum**

54*. Mit seitlich zusammengepressten (bandförmigen), 1 – 3 (– 4) cm langen Trieben. Blätter schwach ausgerandet, ganzrandig. Alpenmoos und dort bis 3739 m gefunden (und damit unser höchststeigendes Lebermoos!). Bei uns selten und allein in Bayern. .... **Gymnomitrion corallioides**

51*. Stängel dunkelgrün bis rotbraun, regelmäßig locker beblättert, 5 - 10 mm lang. Oft in größeren, bis über handgroßen Decken. Blätter 2-lappig, kahnförmig, unter 1 mm groß. Lappen durch rotbraune Brutkörperbildung zuweilen gezähnt. An Silikatgestein in offenen bis sonnigen Blockhalden in den Silikatgebirgen, bis in die alpine Stufe. .... **Anastrophyllum minutum**

III. Laubmoose (*Musci / Bryophyta*)

1. Bestimmungsschlüssel für Laubmoose mit Sporenkapseln

1. Sporogone fast immer am Gipfel aufrechter Hauptstängel, seltener auch unterhalb dieser entspringend, d. h. übergipfelt, so z. B. bei *Sphagnum*, *Fissidens* p.p., *Octodiceras*, *Racomitrium*, gewissen *Schistidium*-Arten, *Bartramia* und den *Orthotrichaceen*. Kapseln gestielt oder ungestielt, mit oder ohne Öffnungsmechanismus. Vorwiegend mit einfachem Peristom. Die beblätterten Stängel fast immer aufrecht wachsend (vgl. aber *Anomodon*). Blätter meist mit deutlicher Rippe. Polster, Rasen oder Herden bildend. .... **A. Akrokarpe** – Aufrechte, gipfelfrüchtige Laubmoose. S. 22

1*. Sporogone seitenständig oder am Gipfel kurzer Seitenäste (so bei *Sphagnum*). Hauptstängel niederliegend und ± reich verzweigt. Seitenzweige aufrecht oder dem Substrat angedrückt. Spiralig beblättert, Triebe stielrund oder abgeflacht (jedoch nie echt zweizeilig). Blattrippe oft fehlend. Kapsel meist auf längerer Seta emporgehoben, oft geneigt, aber nie hängend oder ohne Öffnungsmechanismus (kleistokarp). Meist mit doppeltem und nur selten ohne Peristom .... **B. Pleurokarpe** – Niederliegende, seitenfrüchtige Laubmoose. S. 33

A. Für aufrechte (akrokarpe) Laubmoose

1. Kapsel <u>ohne</u> Öffnungsmechanismus, reif unregelmäßig aufplatzend und zerfallend, meist sehr kurz gestielt und öfter (lange) in den Hüllblättern verborgen. Immer kurzlebige Arten an offenerdigen (Pionier-)Standorten. Meist nährstoffliebend und oft in Herden. **Kleistokarpe**. (1*. nach 8*)

2. Die um 3 – 4 mm lange, etwa 1 cm lang gestielte Kapsel platzt seitlich auf. Pflanze blattlos. .... **Buxbaumia viridis**

2*. Pflanzen beblättert. Seta ± fehlend oder vorhanden.

3. Seta vorhanden.

4. Seta gerade, ± in den Blättern verborgen. Ca. 5 mm großes Herdenmoos in Weinbergen und an Wegsäumen. Kalkhold. Kapseln größer als bei *P. intermedia*. .... **Pottia bryoides**

4*. Seta gekrümmt, mit winziger, oft dem Substrat anliegender Kapsel. Erdige Böschungen und in Trockenrasen, auf Löss und in Kalkgebieten. .... **Microbryum curvicollum**

3*. Seta ± fehlend oder sehr kurz. Kapseln oft in den einhüllenden Blättern verborgen. Blätter lanzettlich bis lineal. Gewöhnlich an offenerdigen Pionierstandorten.

5. Pflanzen knospig.

6. Blätter trocken straff. Hell- bis bleichgrün, bis um 5 mm groß, Hüllblätter mit kurzer Granne, später etwas spreizend und dadurch die Kapsel z. T. sichtbar. Kalkhold. Häufig. . ... **Phascum cuspidatum**

6*. Kaum 2 mm groß, ohne Granne, bräunlichgrün, Kapsel immer eingeschlossen. Basiphytisch. Zerstreut. ... **Acaulon muticum**

5*. Pflanzen nicht knospig.

7. Pflanzen bis 3 – 4 mm breit. Blätter matt grün, trocken kraus, zu wenigen. Kalkhold, auch in Trockenrasen. . **Weissia longifolia**

7*. Blätter glänzend, trocken nicht kraus. Kalkmeidend.

8. Pflanzen in Herden, 2 mm oder kleiner. An dauerfeuchten, kalkarmen Pionierstandorten, vor allem der Tieflagen.

9. Blätter ± spreizend, rosettig, grob gesägt, rippenlos bis 2 mm. Kapseln ± sitzend. Protonemamoos (oft nur die Kapselhülle aus dem dunkelgrünen, algenartigen Vorkeim emporragend). .... **Ephemerum serratum** agg.

9*. Nicht rosettig, Blätter aufrecht abstehend, oben fein gesägt, gerippt. Kapseln übergipfelt, kurz gestielt. .... **Pseudephemerum nitidum**

8*. Pflanzen meist dichtrasig (ähnlich steriler *Dicranella heteromalla*), etwas schopfig, 3 – 5 mm hoch. Blätter aus scheidigem Blattgrund borstlich. Kapseln endständig, kurz gestielt. Auf trockenfallenden Magerstandorten, besonders an Waldwegböschungen. .... **Pleuridium**

1*. Kapsel mit Öffnungsmechanismus. Meist langlebige Arten. **Stegokarpe**.

10. Kapsel bis 2 mm groß, feucht elliptisch. Bei Trockenheit durch vier breite, klaffende Längsspalten geöffnet und dann von kugeligem Umriss. Durch eine kurze (falsche) Seta wenig über die Hüllblätter emporgehoben. Nur an kalkfreiem Silikatgestein. Pölsterchen oft schwärzlich. .... **Andreaea**

10*. Die Kapsel öffnet sich an der Spitze, niemals durch Längsspalten.

11. Kapseln meist um 3 mm hoch, mit kegeliger, düsenartiger Öffnung.

12. Blattlos, mit rauer, bis 1 cm langer Seta. Die 3 – 5 mm große, dicke Kapsel öffnet sich an der kegelig verjüngten Spitze (vgl. *Buxbaumia viridis*). Das Peristom ist zu einer Röhre verwachsen. Kalkmeidend und nie an Gestein oder Borke. .... **Buxbaumia aphylla**

12*. Von begrannten Hüllblättern umgebene, sitzende, hellbraune Kapsel. . **Diphyscium**

11*. Kapsel anders, mit weiter Öffnung und zur Reife abfallendem Deckel (nur bei *Hymenostylium* an einem Stielchen bleibend). Meist mit Peristom (Zahnkranz der Öffnung).

12. Kapselmündung ohne (oder nur mit verkümmerten) Peristomzähnen. (12* nach 21**)

13. Blätter rippenlos. (13* nach 14*)

14. Spiralig beblätterte Moose.

15. Kräftige, aufrechte, spiralig beblätterte Moose, einige in bis über 10 cm tiefen (lebenden) Rasen. Blätter etwas hohl, ohne Rippe, durch Grün- und Wasserzellen unter der Lupe mit netziger Struktur. Grün (trocken weißlich), braun oder dunkelrot. Kalkmeidend und nässeliebend. Kapsel auf kurzer, falscher Seta (= Pseudopodium), erst kugelig, nach dem Abwerfen des linsenförmigen Deckels länglich, 1 – 2 mm groß, auf den büschelig angeordneten Seitenästen an der Spitze der Pflanze, wenig emporgehoben. .... **Sphagnum**

15*. Kaum 2 cm hohe, spiralig beblätterte Stängel, meist niederliegend, in trocken graugrünen Decken. Blätter meist in ein Glashaar endend. Kapsel seitlich, zwischen den gefransten Hüllblättern ± verborgen. Auf trockenem, meist besonntem Silikatgestein. In der Ebene selten. .... **Hedwigia ciliata** (Habituell ähnlich ist *Braunia alopecura*, aber immer ohne Glashaar sowie mit länglicher Kapsel auf kurzer Seta. Nur in den Südalpen, selten.)

14*. Pflanzen (meist) 2-zeilig beblättert, in Herden, nur 5 mm hoch, bläulichgrün. Kapsel winzig, fast kugelig. In kaum 3 mm hohen Räschen, besonders in Höhlungen. Auf kalkfreier, feuchter Erde im Bergland. .... **Schistostega pennata**

13*. Blätter mit Rippe. Mit anderer Merkmalskombination.

16. Die Kapseln von Blättern umhüllt. Seta verkümmert. Felsmoose der Gebirge.

17. Blätter schmal linealisch, feucht abgebogen, glänzend. Die (sehr seltenen) Kapseln kurz gestielt. Polsterrasen oder Polster bis über 5 cm groß, an dauerfeuchtem bis überrieseltem, basenreichem Felsgestein. In den Silikatgebirgen verbreitet. .... **Amphidium mougeotii**

17*. Blätter lanzettlich, mit gezähntem Glashaar. Kalkhold. Sehr selten in kontinentalen Trockenrasen und auf Löss............... .... **Pterygoneurum subsessile** (Wenn die Blätter schmal-lanzettlich und mit kurzem, glattem Glashaar sowie auf trockenbesonntem Silikatgestein der Hügelstufe: *Schistidium flaccidum*. Die ähnliche *Grimmia anodon* dagegen vor allem im höheren Kalkgebirge.)

16*. Kapseln deutlich gestielt (Seta mindestens dreimal länger als die Kapsel). Kalyptra kahl.

18. Pflanzen kaum 2 mm hoch, Blätter lineal-lanzettlich. Leicht zu übersehendes kalkholdes Gebirgsmoos. Nur an vollschattigem Gestein sowie Höhlenmoos. .... **Seligeria donniana**

18*. Etwas größere, meist 3 – 5 mm hohe, kurzlebige Herdenmoose. Blätter breiter. An offenen, meist sonnigen Plätzen.

19. Haube kappenförmig. Blätter breitlanzettlich, matt, kleinzellig und mit kurzer oder als Haar austretender Rippe. Kapseln krugförmig oder kurz zylindrisch. Deckel kurz geschnäbelt.
20. Blätter flach, oft mit umgebogenem Rand (kleinzellig). Auf grundfeuchten Standorten verbreitet. . . . . **Pottia truncata** und . . . . **Pottia intermedia**
20*. Ähnlich, aber Blätter hohl und in ein glattes Haar endend. Rippe oberseits von Lamellen bedeckt. Kalkholde, kaum 5 mm hohe Herdenmoose auf Erde trockener Standorte. . . . . **Pterygoneurum ovatum**
19*. Kapseln ähnlich, aber mit zumindest anfangs glockiger, später aufreißender Haube. Blätter flach, lanzettlich, glänzend-durchscheinend oder, wenn matt, basal wasserhell.
21. Haube nicht geschnäbelt und Kapsel ± kurz zylindrisch. Deckel bespitzt. Blätter glänzend durchscheinend, flachrandig, mit lockerem Zellnetz. Kalkmeidend. Meist auf Schlamm oder zumindest dauerfeuchten Böden. . . . . **Physcomitrium pyriforme**
21*. Ähnlich der vorigen, aber zu unterscheiden durch kümmerliches Peristom und abgerundeten Deckel. An gleichen Standorten, aber seltener. . . . . **Enthostodon fascicularis**
21**. Haube geschnäbelt, auch die vollreife, zylindrische Kapsel ganz einhüllend. Seta rot. Blätter kleinzellig, mattgrün. Langlebig. An erdigen, sonnigen Felsen, auf Mauern, in Felsspalten und Trockenrasen. Kalkhold. . . . . **Encalyptaceae** (Die habituell ähnliche, aber kalkmeidende, seltenere *Encalypta ciliata* ist unterschieden durch eine am Unterrand gefranste Haube, gelbe Seta und Peristom.)
12*. Kapselmündung mit Peristomzähnen.
22. Kapsel aufrecht-zylindrisch, mit nur vier Peristomzähnen, 2 – 3 mm lang, auf glatter Seta. Blätter glatt, breitlanzettlich oder eiförmig. Kalkmeidend, meist auf feuchtem, morschem Holz. . . . . . **Tetraphis pellucida**
22*. Kapsel mit mehr als 4 Peristomzähnen, oft nicht aufrecht, lang-zylindrisch.
23. Kapsel mit Abschlussmembran, befestigt auf dem Ende von 32 oder 64 abgerundeten, glatten, unbeweglichen Peristomzähnen. Kapsel auch unreif meist länglich (Ausnahme *Pogonatum nanum*), Seta meist lang, derb. Blätter ausgebreitet zumindest oben gezähnt, immer mit schmaler bis breiter Rippe. Diese mit ± zahlreichen Lamellen. Kalkmeidend. . . . . **Polytrichaceae**
24. Blätter ± durchscheinend, nicht scheidig, glänzend. Rasen hell- oder gelblich-grün. Trocken kraus. Kapsel ± zylindrisch, stielrund. Haube kahl, kappenförmig. An offenerdigen Standorten auf feuchten bis vernässten, ± anlehmigen Böden.
25. Blätter flach, z. T. gewellt. Kapsel schlank zylindrisch, glänzend, etwas gekrümmt, maximal 10 mm lang. Rasen 0,5 – 7 cm hoch. Blätter meist mindestens 5 mm lang, mit relativ schmaler Rippe und geraden Lamellen. Trocken kraus. Deckel geschnäbelt. . . . . **Atrichum**
25*. Blätter glänzend dunkelgrün, oben rinnig, fast stumpflich. Die relativ schmale Rippe mit wellenförmigen, gezähnten Lamellen. Haube mit wenigen Haaren. Kapsel kurz zylindrisch. Besonders auf und an feuchteren Wegen. Vorwiegend im Gebirge. . . . . **Oligotrichum hercynicum**
25**. Mit stielrunden Kapseln, aber Hauben behaart und Blätter nie durchscheinend. Siehe *Pogonatum*
24*. Blätter nicht durchscheinend mit wasserheller Scheide, flach und nie gewellt. Rippe viel breiter als hoch, durch die zahlreichen Lamellen nie heller grün. Hauben ± glockig, nie kahl. Männliche Pflanzen am Gipfel mit schüsselförmigen Antheridienbehältern.
26. Kapsel kurz zylindrisch bis fast kugelig, nie kantig. Haube weißlich behaart. Pflanzen oft in Herden, mit ausdauerndem, dunkelgrünem Protonema. Blätter dunkel- oder graugrün, trocken verbogen bis kraus. Pflanzen oft nur rosettig, meist bis 1 cm groß und dunkelgrün (*P. aloides* und *P. nanum*) oder mit bis zu 5 cm großen Stängeln und bläulichgrün (*P. urnigerum*), sowie trocken nur verbogen. Pio-

nier- und Erdmoose oft trockener Standorte, besonders an Waldböschungen. . . . . **Pogonatum**

26*. Kapsel reif (außer bei *Polytrichastrum alpinum*) kantig. Haube meist gelblich behaart. Pflanzen selten unter 2 cm, oft über 10 cm hoch. Meist in dichten Hochrasen. Blätter immer dunkelgrün, trocken meist anliegend, oben verbogen. Blattrippe kurz oder auch als Haar austretend. Kapsel mit kurzem Hals. An ziemlich trockenen bis nassen Plätzen. Humose Standorte bevorzugend. . . . . **Polytrichum**

23*. Kapsel mit 16 oder 32 freien, oft papillosen, meist spitzen Zähnen – ausnahmsweise gitterförmig (nur bei *Cinclidotus* und *Fontinalis*) oder mit Abschlussmembran (*Weissia* p.p.). Peristom selten verkümmert (z. B. bei *Coscinodon* und *Weissia controversa*). Seta meist über dreimal länger als die Kapsel. Bei Echten Laubmoosen sind Lamellen tragende Blätter selten und höchstens 3 mm lang (vgl. *Pterygoneurum* u. Ä.). Echte stegokarpe Laubmoose **Bryales** p. p.

27. Blätter in ein chlorophyllfreies „Glashaar“ auslaufend oder wenigstens mit Glashaarspitze (vgl. auch *Polytrichum piliferum*). Nicht weißliche Haarspitzen zeichnen die *Bryum*-Arten aus (s. dort). (27* nach 28*)

28. Stängel unverzweigt, aufrecht. Polster (oder Polsterrasen) bildend. (28* nach 31*)

29. Schwärzliche, trocken durch ± lange Haare graue bis weißliche Polster und Polsterrasen an – meist besonntem – Gestein aller Art (kalkmeidend bis kalkstet).

30. Blätter (1 –) 2 – 5 mm, nie abgerundet, meist glatt, glänzend und dunkelgrün. Trocken selten gedreht. Kapseln meist elliptisch, meist mit kurzer (auch gekrümmter) Seta. Haube kappenförmig. Peristom gerade. Stängel gewöhnlich dicht stehend. Blätter lanzettlich bis lineal-lanzettlich. . **Grimmia**

30*. Ähnlich, aber durch glockige Haube, gitterförmiges Peristom (z. T. fast sitzende Kapseln) sowie längsfaltige, meist unter 2 mm lange Blätter zu unterscheiden, ist das im Silikatgebirge nicht seltene . . . . **Coscinodon cribrosus**.

29*. Trocken grau- bis braungrüne, frisch nie dunkelgrüne Polster und Polsterrasen an basen- bis kalkreichem Gestein.

31. Kleinere Polster, Blätter lanzettlich, in eine kurze Glasspitze verjüngt. Glashaar oft erst mit der Lupe sichtbar. Mit Brutkörpern und häufig mit Sporogonen. Hauben glockig. An Borke oder Mauern häufig. . . . . **Orthotrichum diaphanum**

31*. Oft langhaarige Polster und Polsterrasen. Blatthaar meist einer abgerundeten Blattspitze entspringend. Blätter kaum glänzend, locker stehend, trocken gedreht, feucht ± abstehend (bis zurückgekrümmt). Kapseln auf langer Seta, zylindrisch, mit gedrehtem Peristom, auf einer Basalmembran. An sonnigen Plätzen verbreitet auf Gestein sowie öfters auch an Borke und auch auf Erde. . . . . **Syntrichia ruralis** und Verwandte (Wenn ohne Basalmembran und nur an Gestein siehe **Tortula**)

28*. Stängel ± verzweigt, (mikroskopisch durch gewellte Zellwände ausgezeichnet). Gelb- bis schwarzgrüne Decken oder – dann *Grimmia* ähnliche – Polsterrasen. Haube gelappt. Kapseln länglich, immer gerade und auf langer Seta, mit fadenförmigen Peristomzähnen. Kalkmeidend. Gewöhnlich auf besonntem Gestein, die gelb- bzw. hellgrünen Arten aber oft auch auf Erde; *Racomitrium canescens* auch neutrophytisch. . . . . **Racomitrium**

27*. Blätter weder in ein Glashaar auslaufend noch mit Glashaarspitze, höchstens mit austretender Rippe oder oben in eine lange (nie weiße) Pfrieme ausgezogen.

32. Pflanzen zweizeilig, in Rasen oder Herden, von 1 – 2 mm bis um 5 cm Größe. Kapseln und Peristom ähnlich dem der *Dicranaceen*. Bodenvag, auf Erde wie Gestein. Auch untergetaucht. . . . . **Fissidens** (Wenn ohne Rippe, vgl. auch *Schistostega* und beblätterte Lebermoose.)

32*. Ähnlich aber zumindest zeitweise submers. Kapseln kurzstielig. Peristom gestutzt. Blätter lineal-lanzettlich, an 2 – 3 cm langen

Zweigen. Basiphytisches Wassermoos. An Flussufern und (zumindest früher) in Brunnen. .... **Octodiceras fontanum**

32**. Pflanzen spiralig beblättert, oft rosettig, z. T. viel größer. Blätter mit Rippe.

33. Blätter linealisch, aus einer schmal gesäumten, dicken Rippe bestehend. Feucht grüne, trocken weißliche Polster oder Polsterrasen bildend, vor allem in Wäldern. Sehr selten mit Sporogonen. .... **Leucobryum**

33*. Pflanzen trocken nie weißlich. Oft auch auf Kalkböden.

34. Hauben glockig.

35. Hauben immer glatt und kahl, viel länger als die Kapseln und lang geschnäbelt. In Trockenrasen und an Gestein. Meist kalkhold. .... **Encalypta**

35*. Hauben wenig länger als breit, glatt oder faltig, meist behaart, kurzglockig. .... **Orthotrichaceae**

36. Hauben glatt oder faltig, undeutlich bis dicht behaart, so lang wie die Kapseln oder kürzer als diese. Blätter lanzettlich (selten mit Blatthaar: Orthotrichum diaphanum oder abgerundet: Orthotrichum obtusifolium). In kleinen Pölsterchen oder Polsterrasen an Borke und Gestein, besonders in nebelhäufigen Lagen. .... **Orthotrichum**

37. Kapseln sehr kurz gestielt, wenig aus den Hüllblättern herausragend. Seta verborgen. Z. B. unsere häufigste Art an Borke, *Orthotrichum affine* sowie an Kalkgestein öfter *Orthotrichum cupulatum*, beide mit ± fast kahler Haube. Dicht behaarte Hauben und auch reif glatte Kapseln hat das außer im Alpenbereich selten gewordene Borkenmoos .... **Orthotrichum striatum**

37*. Kapseln gestielt und reif emporgehoben, an Gestein verbreitet, kalkhold, mit kaum behaarter Haube: **Orthotrichum anomalum**. Meist selten geworden, mit stark behaarter Haube, sind das Silikatfelsmoos **Orthotrichum rupestre** (zuweilen auch an Borke) sowie das Borkenmoos **Orthotrichum speciosum**.

(*Orthotrichum lyellii* und *Orthotrichum obtusifolium* haben immer reichlich Brutkörper, aber nur selten Kapseln).

36*. Dicht behaarte Hauben von Kapsellänge haben unsere beiden häufigeren, durch trocken krause Blätter ausgezeichneten Borkenbewohner der Gattung .... **Ulota** (*Ulota phyllantha*, ein atlantisches Moos an Borke und Gestein, vor allem der Küsten, zeichnet sich durch auffällige, braune Brutkörper an den Blattspitzen aus – dafür fehlen hier Sporogone. Eine seltene Art auf Silikatgestein der Mittelgebirge ist **Ulota hutchinsiae**, ihre Blätter sind trocken nur verbogen.)

34*. Hauben kappenförmig, kahl, selten gewimpert.

38. In und an Gewässern, besonders an Ufergestein. Dunkel- bis schwarzgrüne, meist kräftigere Polster oder Polsterrasen.

39. Meist dunkelgrüne Polsterrasen mit 5 (maximal 10 cm) langen Stängeln. Blätter eiförmig-lanzettlich (bis oval), mit ± deutlichem Saum. Kapsel eingesenkt, ± kugelig, mit lanzettlichem, roten Peristom. Seta um 1 mm. Kalkmeidend. .... **Schistidium rivulare** (Wie vorige, aber Kapseln länglich (bis 1 : 2), oft mit rotem Deckel und meist wenigstens an der Spitze der Stängel mit kurzem Glashaar. Auch an trockeneren Mauern, nicht kalkmeidend. Formen von **Schistidium apocarpum**).

39*. Gewöhnlich polsterig, aber meist nicht über 2 cm hoch. Blätter stumpflich bis abgerundet, trocken anliegend, (Zellnetz mit gewellten Zellwänden). Die langgestielten Kapseln nicht selten. Peristom fädlich. **Racomitrium aciculare** mit zungenförmigen, an der Spitze gezähnelten und *Racomitrium aquaticum* mit allmählich verjüngten Blättern. Kalkmeidend, in den Silikatgebirgen zerstreut, auch an überrieseltem Fels. Erstere auch selten in der Ebene. .... **Racomitrium aciculare**

39**. Polsterige bis gabelig verzweigte, mindestens kalkholde Pflanzen. Blätter lanzettlich bis elliptisch-lanzettlich. Pflanzen mindestens 1 cm (bis über 5 cm) groß. Blätter mit dickem, deutlichem Randwulst, trocken straff anliegend bis stark verdreht. Kapseln mit fädlichem oder Gitterperistom, eingesenkt oder auf einer Seta emporgehoben. An Ufergestein, in Brunnen u. Ä. weit verbreitet. .... **Cinclidotus**

40. Blätter linealisch-lanzettlich, etwas sichelförmig. Pflanzen bis über 20 cm lang, gabelig verzweigt, meist flutend. Seltene Gebirgsart. .... **Cinclidotus aquaticus**

40*. Blätter gerade, lanzettlich zugespitzt, papillös, trocken stark schrumpfend bis kraus. Kapseln eingesenkt. Auch an Bächen und nassem Fels. Ebene bis Mittelgebirge...... .... **Cinclidotus fontinaloides**

40**. Blätter gerade, abgerundet (bespitzt), glatt und trocken anliegend. Seta 3 – 6 mm. Vorwiegend an größeren Flüssen. Häufig in Rhein und Mosel. ... **Cinclidotus riparius**

38*. Gewöhnlich nicht in oder direkt am Ufer von Gewässern (vgl. aber unter Pleurokarpe).

41. Seta gebogen. (41* nach 47*)

42. Kapsel birnförmig, ca. 3 mm lang. Grün auf kurvig gebogener, oft bis um 5 cm langer Seta an der auch sonst noch völlig grünen Pflanze. .... **Funaria hygrometrica**

42*. Kapsel an relativ kurzer, gekrümmter Seta, nie birnförmig. Meist (außer *Seligeria*) mindestens um 1 cm hoch.

43. Kapsel kugelig (geöffnet verlängert), aus den 2 bis über 5 cm langen Stängeln seitlich herausragend. Blätter unbenetzbar, borstlich verjüngt. Kalkmeidendes Gebirgsfelsmoos. .... **Bartramia halleriana**

43*. Kapsel (an meist unter 5 mm langer Seta) ± elliptisch und hochrückig, kaum über 3 mm lang, meist kleiner.

44. Nur 1 – 2 (– 3) mm große Pflanzen. Blätter meist unter 1 mm, mit dünner Rippe und ohne Blatthaar. In Herden an basen- oder kalkreichem Gestein der Gebirge. Selten bis zerstreut. *Seligeria campylopoda* und *Seligeria recurvata*.

44*. Blätter meist 2 mm oder länger. Mit anderen Merkmalskombinationen.

45. Pflanzen schwarz-, dunkel- oder graugrün. Blätter in ein Glashaar endend, dadurch trocken auch weißlich oder mit Grauschimmer. Kapsel mit der Mündung ± abwärts zeigend.

46. Blätter ohne Haar um 2 (selten bis 4) mm lang, lanzettlich, mit dünner Rippe. Haube kahl. Gesteinsmoose. .... **Grimmia**

46*. Blätter mit dicker (fast blattbreiter) Rippe, ohne Haar 3 – 4 mm lang. Haube bewimpert. Pflanzen mit Brutpflanzen. An sonnig-trockenen, kalkfreien Standorten: meist auf Rohhumus, seltener morschem Holz, (nur) nördlich der Alpen eingeschleppt, z. T. verbreitet aber nur mikroskopisch zu unterscheiden: **Campylopus introflexus** sowie an trockenem Fels der Südalpen nicht selten:. .... **Campylopus pilifer**

45*. Blätter lineal-lanzettlich, pfriemlich auslaufend, ohne Glashaar, mit dicker, 2/3 der Blattbreite einnehmender Rippe, oft ± einseitswendig, 3 – 4 (– 5) mm lang. Kapseln wie vor. Immer kalkmeidend. Kräftige, dichte Moosrasen.

47. Haube bewimpert. Pflanzen meist schwarz- bis dunkelgrün, mit schlanken Brutpflanzen, -knospen oder Bruchblättern. Ziemlich trockenresistent. Meist auf Rohhumus oder humosem Sand. Weit, auch in der Ebene, verbreitete Arten. .... **Campylopus**

47*. Haube kahl. Ähnlich *Campylopus*, aber Blätter in eine ziemlich glatte Pfrieme endend und fast immer mit den sich von unten her lösenden Bruchblättern (sie zeigen sich u. a., wenn man das feuchte Moos über die Hand zieht). Vor allem auf feuchtem, morschem Holz in Bergwäldern. .... **Dicranodontium denudatum**

(*Paraleucobryum* ähnelt steril den beiden vorigen Moosen, hat aber eine gerade Seta und ist habituell eher *Dicranum scoparium* sehr ähnlich, jedoch trocken (grau-)grün und gegenüber diesem mit feineren Blättern. An Gestein und Borke.)

41*. Seta gerade. Kapsel aufrecht bis hängend, länglich-elliptisch bis zylindrisch, meist viel kürzer als die lange, gerade Seta. Haube kappenförmig.

48. Kapsel aufrecht, mit gut entwickeltem, einfachem Peristom, auf mehrfach längerer, gerader Seta. (48* nach 72*)
49. Kapsel mit deutlich dickerem Hals (2- – 3-mal so breit wie diese), relativ kurz, aber oft 5 – 10 cm langer Seta. Blätter durchscheinend, etwas hohl, oben gesägt, eiförmig-lanzettlich. In Sümpfen und feuchten Wiesen auf meist verrottetem Dung. Heute in der Ebene meist fehlend. ... **Splachnum**
49*. Kapsel aufrecht, schlank zylindrisch, ohne besondere Halsbildung. Pflanzen nie auf verrottetem Dung. (Wenn kugelig, vgl. Bartramiaceae)
50. Blätter zweizeilig.
51. Blätter scheidig, dadurch mit kleinem, übergebogenem Blatt. Auf feuchter Erde in Herden. .... **Fissidens**, z. B. .... **Fissidens bryoides**
51*. Blätter borstlich, basal weißscheidig. Räschen habituell steriler *Dicranella heteromalla* ähnelnd. Calciphytisch, vor allem im Kalkgebirge, aber auch auf Kalkmörtel..... .... **Distichium capillaceum**
50*. Blätter spiralig.
52. Kapsel um 5 mm, Peristom gedreht.
53. Blätter lineal-lanzettlich, feucht wellig oder an der Spitze kahnförmig. Oft brüchig. Polsterrasen mit feucht verbogenen, trocken krausen, 3 – 10 mm langen Blättern. Die wasserhelle Basis am Blattrand hochziehend, scharf abgesetzt. In der Ebene sehr selten (meist an Mauern). Kalkmoose. .... **Tortella**
(In Südtirol wächst außerdem die ähnliche *Tortella nitida*, eine südliche Art mit oft unscharf abgesetztem Basissaum und flachen, brüchigen, breitspitzigen Blättern.)
53*. Blätter ± zungenförmig, breit zugespitzt bis abgerundet. Rippe in der Spitze endend oder kurz austretend (einige Arten mit austretendem Blatthaar).
54. Die Peristomzähne einer Basilarmembran aufsitzend. Blätter 3 – 5 mm lang. Z. T. kräftige, bis um 5 cm hohe Stängel entwickelnd. Auf Erde, Gestein oder Borke. .. **Syntrichia**
54*. Peristom (außer bei *Tortula subulata*) ohne Basilarmembran. Oft nur aus einer Rosette bestehende, kaum 5 mm hohe Moose. Nur ausnahmsweise an Borke. .... **Tortula**
52*. Kapsel mit Peristom gewöhnlich ± gerade aufrecht.
55. Haube geschnäbelt, glockenförmig, kahl. Kapseln um 3 mm. Auf Erde oder Gestein, außer *E. ciliata* calcipytisch. .... **Encalypta**
55*. Haube kappenförmig.
56. Meist kalkmeidende (außer *Ditrichum flexicaule*) Silikatgesteinsmoose, vorwiegend im Gebirge (Ausnahme *Dicranoweisia cirrata*). Kapseln 3 mm lang oder kürzer. (56* nach 59*)
57. Blätter in ein Glashaar verjüngt, trocken anliegend. Kapseln kaum länger als 1:3. Kalkmeidend.
58. Kapsel meist um 3 mm lang, ± zylindrisch. Pflanzen oft grau- bis schwärzlich-grün, ± verzweigt (gabelig oder mit kurzen Fiederästen). Oft in über 5 cm großen, ausgedehnten Rasen, aber auch polsterförmig. Blätter trocken verbogen, ± flach (Blattzellen mit buchtigen Wänden). An sehr trocken-sonnigen Standorten. Meist Gesteinsmoose, aber auch in Trockenrasen. .... **Racomitrium**
58*. Ein bis mehrere cm große, grau schimmernde Polster an basenreichem, sonnigem Silikatgestein in wärmster Lage. Blätter etwas hohl. .... **Grimmia laevigata**
57*. Blätter ohne Glashaar.
59. Blätter ± glänzend, nicht brüchig, Blätter (1,5–) 2 – 4 mm lang, flach (basal durchscheinend), lineal-lanzettlich bis pfriemlich, trocken kraus. Kapseln elliptisch bis kurz zylindrisch. Kapsel 1,5 bis ca. 3 mm lang. (59* nach 62*)
60. Blätter aus flachem, lanzettlichem Grund linealisch verjüngt, oben gezähnt. Polster oder Polsterrasen an Gestein. Kapseln elliptisch, 1,5 – 2 mm lang. Peristomzähne lanzettlich. Seta 7 – 10 mm lang.
61. Blätter 3 – 4 mm lang (mit verstärktem Rand). Peristomzähne lanzettlich, gestreift. Kapsel trocken gefurcht, mit sich ablösendem Ring. .... **Cynodontium polycarpum**

61*. Ähnlich, aber Blätter nur bis 3 mm lang, Rand einschichtig, Kapsel und Peristom glatt, kümmerlich, ohne Ring. Im niederen Silikatgebirge, vor allem in warmen Flusstälern Westdeutschlands ziemlich verbreitet. .... **Cynodontium bruntonii** .... (= Oreoweisia br.)

60*. Blätter wie vorige, aber noch mehr verjüngt, glattrandig, 2 – 3 mm lang. Kapseln trocken glatt, (1 –) 1,5 mm und Seta (2 –) 3 – 4 mm. Peristomzähne kümmerlich. An Borke und Gestein.

62. Mit glatten, 2 (– 3) mm langen Blättern (mit Brutkörpern). Kapseln schlank elliptisch, 1,5 mm lang. Polster an Borke, weniger an Silikatgestein. Auch in der Ebene vorkommend. .... **Dicranoweissia cirrata**

62*. Kapseln elliptisch, Blätter 3 – 4 mm lang (ohne Brutkörper). Polster vorwiegend an Silikatgestein. Häufiger im höheren Gebirge, besonders in den Alpen. .... **Dicranoweissia crispula**

59*. Blätter pfriemlich auslaufend, ± einseitswendig, trocken meist verbogen. Rasen um 3 mm hoch oder höher. Peristom mit gerade-aufrechten Zähnen. Kalkmeidende Erdmoose....................... **Ditrichum** (Nur **Ditrichum flexicaule** ist kalkstet und auch an Gestein. Allseits sparrig abstehende Blätter hat das winzige, kaum 2 mm hohe Herdenmoos **Ditrichum cylindricum** (= Trichodon cylindricus)

56*. Kalkholde bis -stete Arten. Feucht mattgrün. Meist auf Erde sowie auch an Beton oder Mörtelmauern.

63. Blätter linealisch, rinnig. Kapsel nur 1 (– 2) mm lang, Peristom kümmerlich bis fehlend........................ **Weissia**

63*. Blätter nicht rinnig.

64. Blätter meist pfriemlich bis schmal-lanzettlich. Einzelpflanzen unter 5 mm breit. (64* nach 66*)

65. Blätter meist pfriemlich endend, trocken verdreht bis fast kraus. Peristomzähne gerade oder gedreht. An Gestein und auf Erde. .... **Didymodon**

65*. Blätter schmal-lanzettlich bis lineal-lanzettlich, allmählich bis breit zugespitzt.

66. Matt gelb- oder hellgrün. Kurzrasen bis 0,5, selten bis 2 cm Höhe. Peristom gedreht.

67. Auf Erde, besonders an Wegen... **Barbula**

67*. Eine ehemalige, ebenso gefärbte *Barbula* und mit der vorigen öfter vergesellschaftet, ist das ruderal inzwischen ziemlich häufige **Pseudocrossidium hornschuchianum**. Die Art unterscheidet sich durch spitzwinklig aufrecht-abstehende, im Umriss spitzdreieckige Blätter mit kurz austretender Rippe und bis zur Spitze umgerolltem Rand.

66*. Oft matt bläulichgrüne, seltener hellgrüne, 1 – 2 cm hohe Polster oder Polsterrasen. Alte Stängelteile und Blätter (innen im Rasen) oft rostrot. Kapsel meist länglich-elliptisch, bis um 3 mm lang. Peristom gerade oder wenig gedreht. Blätter meist unter 3 mm lang, breitlanzettlich zugespitzt. Oft an feuchtem Gestein, seltener auf Erde und Borke. .... **Bryoerythrophyllum**

64*. Blätter lanzettlich bis breitlanzettlich oder zungenförmig, ± breit zugespitzt, meist an sonnigen Standorten.

68. Kleine Moose, mit Sporogonen um 1 cm hoch, in Herden auf offenerdigen Plätzen.

69. Blätter in kleinen Rosetten, ± durchscheinend, Rand nicht oder wenig umgebogen. Kapsel länglich-eiförmig, mit verkümmertem Peristom. Kurzlebig. Auf ± feuchter, basenreicher Erde, oft ruderal.

70. Deckel ± abgerundet. Blattrand gezähnt. Zellnetz locker. .... **Enthostodon fascicularis**

70*. Deckel gespitzt bis kurz geschnäbelt. Kapsel ± gestreckt. Blätter ganzrandig. Zellnetz dichter. .... **Pottia intermedia**

69*. Peristom gut entwickelt. Blätter bis 3 mm lang. Kalkhold. Vorwiegend auf Erde.

71. Blattrand breit eingebogen, die durch Wucherungen (= Lamellen) bedeckte Rippe verdeckend, glänzend. Die 2 – 3 mm breiten Rosetten in Herden. Sie ähneln einer winzigen *Aloe*. Auf lehmiger und toniger Erde sonniger Standorte. .... **Aloina**

71*. Blattrand flach oder umgebogen bzw. umgerollt.

68*. Meist in dichten Kurzrasen.

72. Ähnlich 70*, aber größer und nur auf Kalkböden. Blätter lanzettlich, mit umgerolltem Rand, stachelspitzig. Gut entwickelte, lanzettliche Peristomzähne. Kurzlebiges Erdmoos. .... **Pottia lanceolata**

72*. Meist kleiner und langlebig. Peristom mit fädlichen Zähnen. In gelbgrünen, dichten Rasen auf Erde und kalkhaltigem Gestein. . ... **Barbula**

48*. Kapsel fast aufrecht bis hängend. Seta oft viel länger als die Kapsel.

73. Kapsel fast aufrecht bis geneigt. (73* nach 90*)

74. Kapsel etwas geneigt und asymmetrisch, jung ± kugelig, entleert kugelig-elliptisch, Peristom doppelt. Deckel kegelig.

75. Blätter hell- bis ± blaugrün, unbenetzbar.

76. Blätter öfter etwas einseitswendig. Kleinere oder größere dichte Rasen. Stängel rot, (0,5 –) 1 – 5 cm hoch. In Sümpfen und an vernässten, offenerdigen Plätzen, meist auf Erde, aber auch an überrieseltem, zumindest dauerfeuchtem Gestein. .... **Philonotis**

76*. Blätter immer gerade, frisch an der Stängelspitze sternförmig. Polsterrasen von meist über 1 bis 5 cm Höhe an Gestein (oder an Böschungen). An kalkfreien, ± schattigfeuchten Standorten. Nie an vernässten Plätzen. In der Ebene selten. .... **Bartramia pomiformis** und .... **Bartramia ithyphylla**

75*. Feucht Blätter dunkelgrün, etwas glänzend. Pflanzen in Polstern. Sonst ähnlich *Bartramia pomiformis*. Kalkstetes Gesteinsmoos der Gebirge Mittel- und Süddeutschlands, sonst sehr selten. .... **Plagiopus oederianus**

74*. Kapsel schräg aufwärts gerichtet bis waagerecht, 2 bis um 5 mm lang, immer länger als breit. Blätter meist ohne Wachsüberzug, benetzbar. Deckel z. T. geschnäbelt.

77. Kapsel etwas geneigt bis waagerecht. Peristom doppelt. Deckel kegelig.

78. Kapsel schlank keulenförmig, ± waagerecht, auf gekrümmter Seta. Blätter breit eiförmig, hohl, feucht wie trocken anliegend. Dadurch die bis fast 2 mm dicken Stängel wurmförmig, silbrig-grün. Zellnetz locker. An feuchtem Gestein fast nur der höheren Gebirge und Alpen. Kalkstet. ... **Plagiobryum zierii** (Ähnliche Arten haben eiförmig-lanzettliche Blätter und abweichende Kapseln, so *Anomobryum*, eine kalkmeidende Gebirgsart überrieselter Substrate. *Bryum argenteum* und das grüne *Bryum bicolor* sind Ruderalmoose, sie haben außerdem hängende Kapseln. Vgl. dazu auch bei *Pohlia*, s. u.)

78*. Blätter schmal lanzettlich bis fast kreisförmig, weder angedrückt beblättert (außer **Pohlia nutans** mod. **saltans**), noch borstlich auslaufend. .... Vgl. **Pohlia**

77*. Kapseldeckel geschnäbelt.

79. Kapsel ± zylindrisch. Deckel kurz geschnäbelt.

80. Benetzbare, matt gelb- bis braungrüne, am Stängel filzige, mamillöse Moose mit braunem Wurzelfilz. Blätter gerade. Z. T. mit Bruttrieben (mit endständigen Brutkörpergruppen). .... **Aulacomnium**

80*. Kapsel lang zylindrisch, unreif auffallend hellgrün, reif hellbraun. Blätter aus lanzettlichem Grund borstlich bis lineal zugespitzt. Pflanzen bis um 1 cm groß, in *Dicranella heteromalla* ähnlichen, dichten Rasen (aber mit prosenchymatischen Zellen). Auf feuchtem morschem Holz und Rohhumus. In der Ebene und dem niederen Bergland verbreitet. .... **Orthodontium lineare**

79*. Kapseln meist hochrückig, nur bis 2 – 3 mal länger als breit. Deckel oft lang geschnäbelt. Zellnetz parenchymatisch oder isodiametrisch.

81. Blätter 2-zeilig. Mindestens kalkhold.

82. Blätter ± lanzettlich, geflügelt, d. h. mit kleinerem, aufliegendem Lappen (Dorsalflügel). 2 – 3 bis 20 mm hohe Erd- oder Gesteinsmoose (auch an Ufern). .... **Fissidens taxifolius** etc.

82*. Blätter weißscheidig, borstlich auslaufend. Kalkholdes Moos auf Erde und Gestein feuchter Standorte im höheren Gebirge (sonst nur verschleppt an Mauern). Oft mit Sporogonen....... **Distichium inclinatum** (Das ähnliche *D. capillaceum* hat überreif auch manchmal geneigte, aber zylindrische, nie hochrückige Kapseln.)

81*. Blätter spiralig, gerade bis stark einseitswendig.

83. Blätter mit einer meist nur bis ein Drittel der Blattbreite einnehmenden Rippe (selten mehr). (83* nach 88*)

84. Blätter sparrig abstehend. Größere, hellgrüne, 1 bis mehrere cm tiefe Rasen in Sumpfwiesen, an quelligen Orten. Meist seltene Arten.

85. Blätter schmal dreieckig, sparrig abstehend. In kalkfreien Sümpfen. Fast nur noch im Bergland, aber in höheren Gebirgen noch ziemlich verbreitet. .. **Dicranella palustris** (**Dicranella schreberiana** var. **robusta** ist ähnlich, aber nur bis 1 cm hoch und nie an quelligen Standorten.)

85*. Blätter in drei Zeilen, lanzettlich. Seta sehr lang. Jetzt nur noch selten im Alpenvorland und den Alpen .... **Meesia triquetra**

85**. Blätter breit dreieckig. In Nasswiesen und Quellmooren. Ziemlich selten in Nordostdeutschland, selten in den Alpen. .... **Paludella squarrosa**

84*. Blätter aufrecht abstehend bis ± stark einseitswendig.

86. Blätter deutlich bis stark einseitswendig (seltener anders, s. 87* SG. *Anisothecium*), trocken kaum verbogen, seltener kraus, feucht und trocken grün. Kaum über 0,5 bis um 1 cm hohe Pflanzen. (86* nach 89*)

87. Niedrige, bis um 1 cm hohe Rasen oder Herden auf trockeneren bis grundfeuchten, kalkarmen Böden, z. T. auch auf morschem Holz, Rohhumus oder Fels. Blätter und Kapsel um 3 mm lang oder kürzer, kaum länger als 1:3. .... **Dicranella**, z. B. **D. heteromalla**

87*. Moose feuchter Standorte, meist kaum 5 mm hoch, braun- oder dunkelgrün. Blätter schwach einseitswendig, aufrecht oder sparrig abstehend. Kurzlebige, hell- bis braungrüne Pioniermoose auf feuchter, nährstoffreicherer Erde, oft mit rotem Stängel, in ± lockeren Herden. Blätter lineal-lanzettlich, unter 1 mm lang. .... (SG. *Anisothecium* (hierzu **Dicranella varia** und **D. schreberiana** (kalkhold), **D. rufescens** und **D. staphylina**. (oft ruderal))

87**. Im Bau ähnlich, aber gewöhnlich über 2 cm groß, Blätter oft bis 5 mm lang und Kapseln schlanker, mindestens 3 mm lang. Rippe dünn (nur bei *Dicranum fulvum* ausnahmsweise 1/3 der Blattbreite erreichend). Blätter aus elliptisch-lanzettlichem Grund in eine borstliche bis linealische Spitze auslaufend.

88. Trocken nicht oder kaum verformt, mit glatten Blättern (*Dicranum scoparium* etc.) oder Blätter querwellig, **Dicranum polysetum** etc. Außer *Dicranum muhlenbeckii* kalkmeidend. Oft auf Rohhumus sowie auf Erde über und an Fels, an Borke usw. .... **Dicranum scoparium** etc.

88*. Immer borstlich verjüngte Blätter haben die nicht glänzenden, dunkelgrünen, trocken krausen Arten **Dicranum flagellare**, **Dicranum montanum** und **Dicranum viride**; **Dicranum tauricum** hat steife, aber wie die vorige, brüchige Blätter.

83*. Rippe über die Hälfte der Blattbreite.

89. Blätter grün, trocken graugrün, einseitswendig. *Dicranum scoparium* sehr ähnlich. Jedoch u. a. in dichten Polsterrasen, an trockenerem Gestein und Borke. Vorwiegend im Gebirge. .... **Paraleucobryum**

89*. Pflanzen trocken in weißlich-grünen, oft über 5 cm tiefen und über 10 cm breiten Polstern oder flachen Polsterrasen. Blätter nicht durchscheinend, vorn kahnförmig, linealisch verjüngt, kaum gekrümmt. Feuchtigkeitsliebende Moose, meist auf Rohhumus, am Boden oder auf Silikatgestein in Wäldern. .... **Leucobryum**

86*. Blätter aufrecht abstehend, nie einseitswendig, unter 1 cm lang, spiralig, lanzettlich bis lineal-lanzettlich, feucht glänzend. Trocken verbogen bis kraus. Kapsel kropfig, trocken längs gefurcht (vgl. auch *Dicranella*).

90. Blätter um 2 mm lang, gerade, schmal-lanzettlich (an der Spitze oft gezähnelt). Deckel kegelig. Seta rot. Sehr häufig, auf allen Unterlagen. Im Kalkgebirge seltener. .... **Ceratodon purpureus**

90*. Blätter etwas länger, feucht verbogen, aus eiförmigem Grund lineal-lanzettlich. Deckel geschnäbelt. (Polsterrasen etwas *Tortella tortuosa* ähnelnd, aber kalkmeidend.) Silikatgesteinsmoos. In der Ebene sehr selten. .... **Cynodontium polycarpum** var. .... **strumiferum**

73*. Kapsel am Gipfel der Seta ± (zumindest grün) hängend, mit doppeltem Peristom.

91. Blätter borstlich auslaufend, feucht aufrecht abstehend. Pflanzen bis um 1 cm groß, in *Dicranella heteromalla* ähnlichen Rasen. Kapsel kurz birnförmig. Violette Rhizoiden und Brutkörper. An nährstoff- und kalkreichen, feuchten Standorten, in Blumentöpfen. .... **Leptobryum pyriforme**

91*. Blätter nie borstlich auslaufend bzw. borstlich verjüngt.

92. Blätter immer ungesäumt, weder mit austretender Rippe noch mit Blatthaar. (92* nach 96**)

93. Pflanzen z. B. *Polytrichastrum formosum* vegetativ habituell sehr ähnlich (ohne Lamellen auf der Rippe), dunkelgrün, in 5 – 8 cm tiefen Rasen. Blätter zweischichtig, schmallanzettlich, mit gut entwickelter, wasserheller Scheide, oben eingebogen und ± grob gezähnt. Rippe nie austretend. (Zellnetz parenchymatisch.) Mit kurzen Kapseln. Meist an schattig-feuchten Plätzen. Gebirgsarten, insbesondere der Alpen .... **Timmia**

93*. Kapseln meist zylindrisch. Blätter ± flachrandig. Moose mit anderer Kombination der Merkmale, oft unter 1 cm, selten über 2 cm groß.

94. Seten zu mehreren. Blätter elliptisch-lanzettlich, zumindest oben einfach gezähnt. Gestielte Rosetten mit bis über 5 mm großen Blättern. Rippe vor der Spitze endend oder kurz austretend. Sporogone selten. (Zellnetz locker prosenchymatisch.) Feuchte bevorzugende Waldmoose, meist auf reicheren Böden der Gebirge. .... **Rhodobryum** (Bei *Mniaceen* kommen z. T. auch mehrere Seten vor, jedoch sind die Zellen dort parenchymatisch oder isodiametrisch.)

94*. Nur eine Seta je Stängel. Blätter ± lanzettlich, höchstens oben undeutlich gezähnt.

95. Kapsel zu 1/3 bis zur Hälfte aus dem verjüngten Hals (Apophyse) bestehend, kurz birnförmig bis ± zylindrisch. .... **Pohlia** .... (besonders die Untergattung .... *Mniobryum*)

95*. Kapsel ohne deutlichen Hals, ± zylindrisch.

96. Kapsel 3 – 4 mm lang. Blätter meist breitlanzettlich und unter 3 mm lang, grün bis dunkelgrün. Kalkmeidend, auf armen Substraten verbreitet und oft mit Sporogonen. .... **Pohlia nutans**

96*. Wenn mit bläulichgrünen Blättern, engzellig und trocken glänzend. Gebirgsmoos höherer Lagen, sonst sehr selten. .... **Pohlia cruda**

96**. Mit axillären Brutknospen .... **Pohlia annotina** agg. und **Anomobryum**

92*. Blätter oft ± deutlich gesäumt, meist eiförmig-lanzettlich oder spatelförmig, nicht oder schwach gezähnt. Häufig mit austretender Rippe oder Blatthaar (Zellen prosenchymatisch). Pflanzen zuweilen rot überlaufen. Stängel oft knospenförmig oder stielrund, nie zweizeilig beblättert. Oft über 1 cm, zuweilen auch bis über 5 cm hohe Arten. Seten immer einzeln. .... **Bryum**
Typisch für nasse bis sumpfige Plätze:
Kräftige, bis über 5 cm große Arten: **Bryum pseudotriquetrum**, **B. schleicheri** (Hochgebirge)
Mittelgroße, meist nicht über 2 cm große Arten mit anliegenden Blättern: **Bryum alpinum**, **B. mildeanum** und **B. gemmiparum** (an Ufern):
Kleinere, unter 1 cm hohe Rasen und Polsterrasen an trockeneren, offenerdigen Plätzen (meist ruderal): **Bryum argenteum**, **B. bicolor**, **B. caespiticeum**, **B. pallescens**

92**. Rippe höchstens undeutlich austretend, Blätter nie in ein Blatthaar endend oder rot überlaufen. Zuweilen zweizeilig. Zellnetz quadratisch bis rechteckig. Blätter elliptisch-lanzettlich bis fast kreisförmig. An trockeneren bis nassen Plätzen.

97. Blätter ungesäumt, meist gezähnt, mit vor der Spitze endender Rippe, oval, um 2 mm lang, spiralig (oder im Schatten zweizeilig) an 1 – 2 cm langen Stängeln. Kalkhold, aber auch auf Humus. . . . . **Mnium stellare**

97*. Blätter deutlich (durch langgestreckte Randzellen) gesäumt. (Zellnetz locker.) Kleinere bis kräftige Pflanzen.

98. Pflanzen braungrün, Blätter ganzrandig, breit elliptisch, in meist nur 1 – 2 cm breiten Rosetten. Stängel braun-filzig. Feuchtmoose. . . . . **Rhizomnium**

98*. Pflanzen licht- bis dunkelgrün.

99. Pflanzen dunkelgrün. Blätter deutlich gezähnt (mit Doppelzähnen), lanzettlich, bis 7 mm lang, meist spiralig an geneigten, 1 – 3 cm langen Trieben. Sterile Triebe waagerecht. Nur die männlichen Pflanzen aufrecht, mit gipfelständigen, sternförmig-rosettigen Blättern. Waldmoose . . . **Mnium**

99*. Pflanzen meist lichtgrün. Blätter meist deutlich (einfach) gezähnt, breitelliptisch oder breitlanzettlich, wenn gewellt, auch zungenförmig, um 5 mm lang oder länger. Zellen oft auffallend groß (bis 0,07 mm lang), mit der Lupe gut sichtbar. Die sterilen Triebe horizontal ausgerichtet, ± 2-zeilig beblättert. Feuchtmoose auf Erde (auch über Fels) in Wäldern, Wiesen und Sümpfen. . . . . **Plagiomnium**

B. Schlüssel für niederliegende (pleurokarpe) Laubmoose

1. Kapseln eingesenkt oder die Seta nur wenig aus den Hüllblättern herausragend. Pflanzen spiralig beblättert. (1* nach 5*)

2. Pflanzen mit 3-zeiliger Beblätterung, reich gabelig verzweigt, kräftig, mindestens 5 – 10 cm lang, aber auch viel länger. Blätter ohne Rippe, gefaltet oder hohl. Kapseln sitzend, eingesenkt, ziemlich selten. Untergetaucht und zeitweise überspült am Ufer von Gewässern. . . . . **Fontinalis**

2*. Pflanzen nie 3-zeilig beblättert und oft kleiner.

3. Pflanzen abgeflacht (aber nie echt zweizeilig!), ± verzweigt, wenige cm bis über 10 cm groß. Blätter deutlich gewellt, ohne Rippe. Haube kappenförmig. Fast nur an Borke und jetzt wohl nur noch im Gebirge (sehr selten). . . . . **Neckera pennata** (Zierlicher und die kurze Seta aus den Hüllblättern herausragend: **Neckera pumila**)

3*. Pflanzen spiralig beblättert, nicht verflacht.

4. Meist kleinere Polster oder Polsterrasen an Borke und Gestein. Haube glockig, ± behaart. Blätter mit Rippe, trocken meist anliegend. Haube zuweilen auch (fast) kahl. Kapseln eingesenkt bis deutlich gestielt. . . . . **Orthotrichum**

4*. Blätter mit oder ohne Rippe.

5. Hellgrüne, trocken graugrüne Polsterrasen an meist sonnigen Felsen und Felsblöcken. Blätter hohl, rippenlos, aber meist mit Glashaar. Hüllblätter gefranst. Im Silikatgebirge verbreitet, aber in der Ebene inzwischen selten. . . . . **Hedwigia** (Habituell ähnlich ist *Braunia* aber immer ohne Glashaar sowie mit länglicher Kapsel auf kurzer Seta. Nur in den Südalpen, selten.)

5*. Habituell ähnlich, aber mit kräftiger Rippe und ohne Glashaar. Stängel vom Substrat gebogen abstehend (ähnliches *Orthotrichum affine* hat vom Substrat aufrecht abstehende Stängel!). Meist mit Kapseln. Vorwiegend an Borke der unteren, wärmeren Lagen. Selten an Gestein. . . . . **Cryphaea heteromalla**

1*. Seta lang gestielt.

6. Stängel, Zweige und die etwas glänzenden Moosdecken abgeflacht beblättert (6* nach 15*).
7. Zweige 1 – 2 cm lang, etwa 3 mm breit. Blätter 4-zeilig (dachrinnenförmig), zungenförmig, mit undeutlicher Rippe, oben abgerundet, aber mit undeutlichem Spitzchen. Zellnetz undeutlich. Kapseln häufig, aufrecht. Kalkhold. Waldmoos feuchterer Lagen. Besonders an Baumbasen entlang von Fließgewässern, wie auch an Gestein. Ziemlich verbreitet. .... **Homalia trichomanoides**
7*. Ähnlich vorigem, aber kräftiger, Blätter unbespitzt und Zweige über 5 mm breit, rippenlos und Zellnetz locker (Lupe!). Seta kurz, Kapsel horizontal. Basiphytisch. Auf feuchten bis nassen Böden. In der Ebene sehr selten. .... **Hookeria lucens**
7**. Pflanzen anders. Blätter 6- oder mehrzeilig, ± spitz zulaufend, meist ohne Rippe (außer bei 8, 13* und *Neckera menziesii*).
8. (2 –) 3 bis über 5 cm hohe, in einer Ebene verzweigte, braungrüne Bäumchen auf 1 – 5 cm langen, schwärzlichen, beschuppten Stielen. Blätter mit Rippe und oben gezähnt. Seten büschelig. Kapsel geneigt. Kalkhold. An Ufergestein und anderen sehr luftfeuchten Standorten in Wäldern. .... **Thamnobryum alopecurum**
8*. Nicht bäumchenförmig, meist in ± dichten, dem Substrat angedrückten Decken. Seten einzeln.
9. Zweige 5 – 10 (– um 20 mm) lang, glänzend frisch- bis hellgrün, abgeflacht, in kleinen Decken. Deckel geschnäbelt, aber selten mit Sporogonen.
10. Grün, frisch nach Gurken riechend, meist an Gestein, kalkhold. (Blätter breit gespitzt, an der Spitze gezähnt, kurzzellig.) Fehlt in Norddeutschland. . **Taxiphyllum wissgrillii**
10*. Pflanzen ohne Gurkengeruch, fast immer mit zahlreichen, stabförmigen Brutsprösschen aus den Blattachseln, zuweilen ganz davon bedeckt. Blätter allmählich verjüngt. .... **Pseudotaxiphyllum elegans**
10**. Weder mit auffälligen Brutsprösschen, noch mit Gurkengeruch. Sonst ähnlich, aber Zweige kaum 10 mm lang (Blätter ganzrandig, mit wenigzelligen Brutkörpern). Kalkmeidend. Auf morschem Holz und an Baumbasen feuchter Lagen, besonders an Erlen in Erlenbrüchen. Vor allem in der Ebene Nord- und Westdeutschlands, sonst selten oder fehlend. .... **Plagiothecium latebricolum**
9*. Meist viel kräftiger und gewöhnlich über 1 cm lang.
11. Kräftigere, meist 3, oft bis 10 cm große und dann ± fiederige Pflanzen mit meist gespitzten, (außer bei der sehr seltenen *Neckera menziesii*) rippenlosen, glatten oder querwelligen Blättern. Kapsel aufrecht, ± selten, meist gestielt. Kalkhold. An Borke und Gestein in den Gebirgen. In der Ebene jetzt meist selten. .... **Neckeraceae**
11*. Moose anders, selten an Borke. Blätter ± ganzrandig. Öfter auch mit Kapseln.
12. Kräftiges, dunkelgrünes, an *Hypnum cupressiforme* erinnerndes, aber durch ± gerade Blätter und aufrechte Kapseln (häufig!) unterschiedenes Moos auf Blockhalden im Kalkgebirge und auf vulkanischem Gestein (selten auf feuchtem Beton). Stängel um 5 cm lang. Blätter ohne Rippe. In Mittel- und Westdeutschland sehr selten. .... **Entodon schleicheri**
12*. Meist kleiner, oft hellgrün, an anderen Standorten und kalkmeidend.
13. Vorwiegend auf Waldboden, kalkmeidend. Blätter oft asymmetrisch. Rippe fehlend oder kurz, gabelig.
14. Blätter wellig, Pflanzen mit Stängel 2 – 3 (– 5) cm lang, in oft ausgedehnten Decken. Auf Rohhumus, vor allem in Nadelwäldern und -forsten (verschleppt). Ziemlich verbreitet. Im Silikatgebirge oft häufig. .... **Plagiothecium undulatum** (Ähnlich, aber kleiner und zudem ein Sumpfmoos nährstoffreicherer Standorte ist **Plagiothecium denticulatum** var. **undulatum** (= P. ruthei).)
14*. Blätter glatt und Stängel meist nur um 1 cm lang, auch trocken kaum verbogen.

Kalkmeidende, ziemlich verbreitete (nur mikroskopisch sicher zu bestimmende) Wald- und Gebüschmoose. Ziemlich häufig, mit (geneigter) Kapsel sind **Plagiothecium denticulatum** und **Plagiothecium laetum** var. **secundum**. Oder Kapsel aufrecht bei **Plagiothecium laetum** und **Plagiothecium cavifolium**. Letztere mit halbhohlen Blättern, Stängel kaum abgeflacht. Eine basiphytische Art (auch auf Humus über Kalk), vor allem im Bergland.

13*. Meist an (und auf Steinen) in und an Gewässern. Blätter symmetrisch, mit deutlicher Rippe. Kapsel geneigt. Formenreich. Nährstoffliebend.

15. Blätter ganzrandig, schmal-lanzettlich, allmählich zugespitzt, zuweilen 2-zeilig erscheinend. Deckel kegelig. An feuchtem bis nassem Gestein und morschem Holz, auch außerhalb der Gewässer. Vor allem in der Ebene. .... **Leptodictyum riparium** (Wenn auf überspültem Gestein (und Wurzeln) vorkommend und Blätter kleiner und stumpflich, mit ± verdickter Rippe vgl. *Hygroamblystegium* und *Cratoneuron filicinum* var. *fallax*.)

15*. Blätter oben gezähnt, elliptisch-breitlanzettlich. Stängel wenig abgeflacht. Deckel geschnäbelt. Kalkholdes Ufer- und Fließgewässermoos, vor allem im Gebirge. Auch an überrieseltem Fels (Tuffbildner). .... **Platyhypnidium riparioides**

6*. Stängel und Zweige nicht deutlich abgeflacht beblättert.

16. Kapsel aufrecht, kurz bis lang zylindrisch. (16* nach 43*)

17. Pölsterchen oder Polsterrasen (nur 18 zuweilen auch in Decken). An Borke oder Gestein. (17* nach 19*)

18. Grau- bis schwärzlich-grün, meist mit Glashaaren (und immer mit buchtigen Wänden, zumindest bei den basalen Zellen). Haube kahl. In Polsterrasen oder Decken. Kalkmeidend, lichtliebend. Meist an Gestein. Seltener auf Sand- und Skelettboden (oder Rohhumus). .... **Racomitrium** (Schattenformen und feuchtigkeitsliebende Arten haben kein Glashaar, z. B. *Racomitrium aciculare*; vgl. dazu auch **Cinclidotus**.)

18*. Ohne Glashaare.

19. Haube wenig bis dicht behaart, glockig. Meist rundliche, kleine Polster (oder Polsterrasen).

20. Seltener bis über 10 cm breite Polster, meist dunkel- oder braungrün. Blätter feucht gerade, trocken anliegend. Bei wenigen (sehr seltenen) Arten trocken kraus. Kapsel elliptisch, mit abgerundeter, seltener etwas verjüngter Basis, sitzend, seltener gestielt. Haube glockig, meist schwach behaart. .... **Orthotrichum**

20*. Meist um ein, selten bis 5 cm große, dunkle grüne Polster. Blätter feucht verbogen, trocken ± kraus. Kapsel gestielt, ± in den Stiel verjüngt, mit dicht behaarter Glockenhaube. An meist glatter Laubholzborke luftfeuchter Lagen. (*Ulota hutchinsiae* hat trocken straffe Blätter, ist ± selten und wächst an lichtem Silikatgestein). .... **Ulota bruchii** und **U. crispa**

19*. Haube kappenförmig, kahl. Kleinere, frischgrüne Polsterrasen mit trocken anliegenden (etwas einseitswenigen), spitzen, kaum 2 mm langen Blättern (reichlich Brutkörper). Sporogone bei uns meist fehlend. Kalkhold. An Borke und feuchtem Gestein (Mauern). .... **Zygodon viridissimus**

17*. Astmoose. In Decken oder Bäumchenrasen, zumindest trocken glänzend, kaum schrumpfend. Pflanzen oft ± reich verzweigt.

21. Blätter feucht und trocken ± angedrückt. (21* nach 27*)

22. Pflanzen 2 – 5 cm hoch, mit bäumchenartigen (aus Kriechstängeln entspringenden), aufrechten Seitenzweigen (einer kleinen Palme ähnlich). Sporogone selten, aber zu vielen. Seta glatt. In feuchten Wiesen und Wäldern auf Erde an feuchten Wegrändern. Seltener auch auf erdigen Mauern. .... **Climacium dendroides** (vgl. auch .... *Thamnobryum*)

22*. Moose nicht bäumchenförmig.

23. Blätter meist mit deutlicher Rippe. Deckel (außer bei 25*) kegelig. (23* nach 25*)
24. Seta warzig. Meist kräftige Astmoose. Blätter ± längsfaltig. Blätter schmal-lanzettlich, allmählich in eine lange Spitze ausgezogen, auch trocken wenig abstehend, oft goldbraun. Kalkhold. Lichtliebend und trockenresistent. Auf Erde und Gestein (auch Mauern), seltener an Borke........ **Homalothecium**
24*. Seta glatt. Blätter auch feucht ± angedrückt, eiförmig-lanzettlich. Stängel stielrund, wurmförmig. Meist kräftige Moose.
25. Blätter glatt, hohl, eiförmig oder eiförmig-lanzettlich. Deckel kegelig.
26. Blätter 2 – 3 mm lang, kurz gespitzt, wenig gesägt. Pflanzen bis um 5 cm lang, mit schräg abstehenden Zweigen, diese (1 –) 2 – 3 mm dick. Häufig mit Kapseln. Meist in größeren, grünen Bäumchenrasen. Basiphytisch. An Gestein und Baumbasen in Wäldern, seltener auf Erde. Besonders in Kalkgebieten. .. .. **Isothecium alopecuroides**
26*. Pflanzen ähnlich, aber in allen Teilen zierlicher, mit langspitzigen, grob gezähnten Blättern. Seltener mit Kapseln. Kalkmeidend. Ziemlich verbreitet an Gestein und Borke. .... **Isothecium myosuroides**
25*. Blätter schwach faltig, sonst sehr ähnlich der vorigen, aber außerdem unterschieden durch geschnäbelte Deckel und alleiniges Vorkommen im Kalkgebirge. .... **Plasteurhynchium striatulum** .... (= *Eurhynchium str.*)
23*. Blätter ohne oder mit undeutlicher Rippe. Blätter auch feucht angedrückt.
27. Zierlichere Moose, Zweige ± fadenförmig und meist unter 1 mm dick. Blätter eiförmig, 1 mm lang oder kleiner, hohl. Gewöhnlich an Gestein und Borke.
28. Feucht grün und trocken graugrün. Stängel um 1 cm lang. Fast nur epiphytisch, der Borke dicht anliegend. Jetzt fast nur im höheren Gebirge. ..... **Pterigynandrum filiforme**
28*. Stängel blaugrün, trocken silberweiß, meist kürzer. Blätter breit dreieckig-oval, um 0,6 mm. Auf erdigem Gestein. Nur im höheren Kalkgebirge bzw. den Alpen. Selten tiefer. .... **Myurella julacea**
27*. Pflanzen kräftiger, (1 –) 2 – 3 mm dick, glänzend, Decken lockerer. Blätter um 1,2 mm lang. Vorwiegend auf Silikatgestein, besonders auf Blöcken. Vor allem in den höheren Gebirgen Süddeutschlands und den Alpen. Blätter eiförmig, ganzrandig, einer *Pseudoleskea* (und auch *Pterogonium*, s. unten, Nr. 30.) ähnlich, aber Blätter hohl und rippenlos. ....**Pterigynandrum filiforme** var. **majus**
21*. Blätter feucht schräg aufrecht (oder mehr) abstehend, aber trocken angedrückt und Stängel wurmförmig (21** nach 42*).
29. Blätter mit ± deutlicher Rippe (29* nach 39*).
30. Blätter nur mit Doppelrippe, etwas hohl, spitz eiförmig und oben gezähnt. Stängel um 1 (– 2) cm lang, die fingerförmig inserierten Zweige trocken gekrümmt, stumpflich, ± glänzend. Basiphytisch. Meist an trockenen Felsen, seltener an Baumwurzeln. Wärmeliebende Art der Tieflagen, fast nur in Westdeutschland. .... **Pterogonium gracile**
30*. Mit Hauptrippe und basal entspringenden („Springbrunnen"-artigen) Rippen. Stängel 3 – 5 cm lang oder länger, trocken Blätter angedrückt. Ein kräftiges, fiederig verzweigtes oft ausgedehnte Decken bildendes Moos mit geraden, trocken etwas struppigen Trieben. Stängel feucht rot durchscheinend. An der Blattspitze mit einem kurzen Haar mit zurückgebogenen Zähnen. Blätter mit umgebogenem Blattrand. In nebelreicher Südlage, besonders in Blockmeeren. Heute fast nur noch im Gebirge, aber auch dort – außer in den Alpen – nur siedlungsfern und nur noch selten an Borke. **Antitrichia curtipendula** (**Antitrichia californica** ist eine südliche Art, die sich durch eine einfache Rippe unterscheidet. Nach Norden vereinzelt bis in die Südalpen.)
30**. Mit einfacher Rippe.
31. Moose mit Paraphyllien und entsprechend ± filzigem Stängel (Blätter abschaben! Paraphyllien haben auch einige rippenlose Pleurokarpe, z. B. das 33. etwas ähnliche *Hylo-*

comium pyrenaicum). Fast nur im höheren Gebirge und vor allem in der subalpinen und alpinen Region, auf Gestein offener Triften (*Lescuraea mutabilis* an Borke). (31* nach 32*)

32. Blätter längsfaltig, elliptisch-lanzettlich, gerade und lang gespitzt. (32* nach 34*)

33. Gelb- bis braungrün, etwas glänzend. Habituell *Homalothecium lutescens* sehr ähnlich. Blätter um 2 mm lang. Unregelmäßig oder unverzweigte, meist kräftige, bis um 5 cm lange Stängel. Meist steril. Im höheren Kalkgebirge. .... **Ptychodium plicatum** (Ebenfalls habituell ähnlich ist das rippenlose, ebenfalls tieffaltige, alpine **Orthothecium chryseum**.)

33*. Dunkelgrüne, an besonnten Standorten meist braungrüne Pflanzen in oft über handgroßen Decken, mit ca. 1,2 – 1,5 (– 2) mm langen Blättern.

34. In bis über handgroßen, dem Substrat angedrückten Decken aus ± fiedrigen Zweigen. Auf Borke im höheren Gebirge, besonders im Krummholz. ..... **Lescuraea mutabilis**

34*. Sehr ähnlich der vorigen, aber u. a. unterschieden durch aufsteigende Beastung und Vorkommen auf sonnigen Silikatgesteins-Blöcken. Selten in Bayern, aber verbreitet in den Zentralalpen. .... **Lescuraea saxicola**

32*. Blätter eiförmig, breit gespitzt, etwas einseitswendig. Auf meist sonnigem Kalk- bzw. kalk- oder basenreichem Gestein, vor allem Felsblöcken. Nur in den Alpen und im höheren Mittelgebirge. Der häufigste Vertreter der Gattung. ... **Pseudoleskea incurvata**

31*. Stängel kahl und glatt. Trocken matt-grün, bräunlich bis schwärzlich, nicht glänzend, wenig verzweigt.

35. Zierliche, fädliche (mit unter 1 mm dicken Stängeln), unregelmäßig verzweigte, deckenbildende, dem Substrat angedrückte Moose auf Borke und Gestein. Blätter winzig, um 0,7 mm lang, gerade. (35* nach 37*)

36. Blätter ganz glatt. Pflanze feucht grün, trocken durch die Haarspitzen der grob gezähnten Blätter graugrün, glänzend. Stängel in kleinen Decken. Kapseln ca. 1 mm hoch, z. T. häufig, topfförmig, auf 3 mm langer Seta. Kalkmeidende, nur südlich der Alpen und an deren Fuß häufigere (sonst sehr seltene) Borken- und Felsmoose. .... **Fabronia**

36*. Blätter warzig, ganzrandig. Trockene Pflanzen dunkel- bis schwarzgrün, kaum glänzend. Kalkhold und meist an hellen, vorwiegend auch sonnigen Standorten. Meist ohne die (nie topfförmigen) Kapseln.

37. Decken nie mit Brutsprossen. Blätter breiteiförmig, ± in eine Spitze ausgezogen. An meist besonntem Kalkgestein oder an Mauern und Dächern.

38. Rippe bis Blattmitte (Zellen länglich, derbwandig). Meist viel zierlicher als *Pseudoleskea* (s. dort). Kaum an Mauern. Fehlt in der Ebene. ...... **Pseudoleskeella catenulata**

38*. Habituell ähnlich, aber nur mikroskopisch sicher zu unterscheiden (Zellen isodiametrisch, dünnwandig und Rippe z. T. fehlend). Im Tiefland ökologisch gut charakterisiert: auf Dächern und an Mauern, so z. B. im Oberrheingebiet und in Südtirol. Beheimatet in den Hochalpen und hier an gleichen Standorten wie die vorige. .... **Pseudoleskeella tectorum**

37*. Decken häufig mit den aufrechten Brutsprossen (*Platygyrium* ist rippenlos!). Sonst den vorigen Arten sehr ähnlich, unterscheidet sich aber auch durch die eiförmig-lanzettlichen Blätter mit langer Rippe. Vorwiegend an Borke, aber in den Alpen auch oft an Gestein. In den höheren Gebirgen, vor allem in den Alpen, verbreitet. Sonst selten und ausgestorben. .... **Pseudoleskeella nervosa**

35*. Kräftige, bis über 2 cm lange Moose mit 1 – 1,5 (–2) mm dicken Stängeln.

39. Moose trocken glanzlos (mikroskopisch glatt oder schwach papillös). (39* nach 41**)

40. Moose trocken matt bis schwach glänzend, meist olivgrüne, wenn gut entwickelt, fiederig verzweigte, 1 – 2 cm große Pflanzen mit etwas einseitswendigen, nur um 0,7 mm langen Blättern. Oft reichlich mit Sporogonen. Basiphytisch. Vor allem in Flusstälern an Borke und Ufergestein (auch zeitweise

submers), seltener außerhalb. Ebene bis untere Gebirgslagen. ..... **Leskea polycarpa**

40*. Moose trocken völlig glanzlos, dunkel-, gelb- oder hellgrün. (Mikroskopisch dicht papillös!). An basen- bis kalkreichen Standorten, an Gestein, wie an Borke (selten auf Erde). Vorwiegend an schattig-trockenen Plätzen. Zumindest im Kalkgebirge sehr verbreitet. Selten mit Kapseln. ... **Anomodon**

41. Mittelgroß und ähnlich 40 ± fiederig verzweigt, aber Blätter ca. 1,2 mm lang, breit zugespitzt (mit aufgesetztem Spitzchen). Besonders in Kalkgebieten. .... **Anomodon attenuatus** (Kümmerlichen Formen dieser Art gleicht *Haplohymenium triste*, eine sehr seltene Art der Südalpen. Sie ist ziemlich brüchig, hat zungenförmige, trocken angedrückte Blätter (und der Blattrand ist crenuliert).)

41*. Eine zierliche Kümmerform der vorigen ähnliche Art, aber mit lanzettlichen, fein zugespitzten, nur ca. 1 mm langen Blättern. Vorwiegend an schattigem, mindest kalkhaltigem Gestein (selten an Borke)........... .... **Anomodon longifolius**

41**. Blätter aus eiförmigem Grund schmal zungenförmig und 2 – 2,5 mm lang. Ein robustes Moos in dichten, oft über 5 cm hohen Rasen mit dicht stehenden, aufrechten Ästen und deshalb eine akrokarpe Art vortäuschend. .... **Anomodon viticulosus** (**Anomodon rugelii** (ähnlich der vorigen, aber mit doppelschichtiger Lamina) und **Anomodon rostratus** (ähnlich 41*, aber mit Haarspitze) sind sehr seltene Gebirgsarten; nur hier.)

39*. Blätter nicht papillös, glatt, trocken glänzend.

29*. Blätter ohne Rippe (vgl. auch oben *Pseudoleskeella tectorum*).

42. Stängel unter 1 mm dick, unregelmäßig verzweigt, in kleinen grünen Decken. Kapseln oft häufig, ca. 1 mm hoch, schlank, aufrecht. Seta ca. 6 mm. Kalkhold. Nur noch in Süd- und Südwestdeutschland verbreitet, sonst selten. Meist an Borke. .... **Amblystegium subtile** (Ganz ähnlich, aber mit geneigten Kapseln ist das Kalkgesteinsmoos **Amblystegium confervoides**)

42*. Zweige dunkelgrün, trocken (1 –) 2 bis über 3 cm lang. Zweige aufwärts gekrümmt, spitzlich, bis 2 mm dick. Blätter längsfaltig, ganzrandig, länglich-lanzettlich. Öfter mit den struppigen „Brutblattzweigen". Kapseln selten. An Laubholzborke, kalkreichem oder basischem Gestein. In Süddeutschland auch häufig an Alleebäumen. In Norddeutschland inzwischen insgesamt selten. Kalkhold. ... . **Leucodon sciuroides** (*Leucodon* habituell ähnliches *Pterogonium* unterscheidet sich bereits durch gestutzte Astenden und büscheligen Wuchs. Wie hier sind auch bei *Cryphaea heteromalla* die Blätter hohl und nicht faltig. Die Zweige trocken grau, gekrümmt vom Substrat abstehend. Blätter spitzlich, mit Rippe. Kapseln sitzend. An Laubbäumen (selten Gestein) in tieferen Lagen, zuweilen an Mauern. Selten.)

21**. Blätter auch trocken nicht anliegend.

43. Blätter nicht faltig, bürstenartig abstehend bis angedrückt. An Borke oder morschem Holz, selten an Gestein. Kapseln zylindrisch aufrecht. Ziemlich verbreitete Arten, besonders an Borke.

44. Grünes bis oft goldgrünes, Formen von *Hypnum cupressiforme* oder einem kümmerlichen *Homalothecium* ähnliches Borkenmoos. Oft an Apfelbäumen und Weiden (selten auch Kalkgestein), mit geraden, 1 – 1,5 mm langen, bürstenartig abstehenden Blättern. Brutsprosse fehlen, aber Sporogone häufig. .... **Pylaisia polyantha**

44*. Gewöhnlich braune oder braungrüne, dem Substrat angedrückte Decken mit meist zahlreichen, aufrechten, struppigen Brutsprösschen. Sporogone selten. An morschem Holz und saurer Borke, besonders Eichen und Buchen, aber auch an Weiden. Selten an Silikatgestein. .... **Platygyrium repens**

43*. Blätter faltig. Bräunlichgrüne bis rötliche, metallisch glänzende Kalkgebirgspflanzen auf feuchtem Kalkgestein. Vor allem im höheren Gebirge und den Alpen. Den Tieflagen fehlend. Blätter ohne Blattflügel (das kleinere *Orthothecium intricatum* hat keine längsfaltigen Blätter), um 3 mm lang. Sporogone selten. .... **Orthothecium rufescens**

16*. Kapsel geneigt bis waagerecht, oft gekrümmt. Immer auf langer Seta.

45. Seta warzig. Blätter gewöhnlich mit deutlicher Rippe. Meist kräftige Astmoose. (45* nach 51*)

46. Deckel kegelig. (46* nach 53*)

47. Blätter ± längsfaltig (schwach bei 46*). Unregelmäßig beastete, meist kräftigere, bis über 10 cm lange, reich verzweigte (über 1 mm dicke) Moose. (47* nach 49*)

48. Blätter schmal-lanzettlich, allmählich in eine lange Spitze ausgezogen, tief längsfaltig, trocken auch wenig abstehend, oft goldbraun. (Kapsel bei var. *fallax* ± aufrecht). Kalkhold. Lichtliebend und trockenresistent. Auf Erde und Gestein (auch Mauern), seltener an Borke. . **Homalothecium lutescens**

48*. Blätter nur schwach längsfaltig, eiförmig-lanzettlich bis schmal lanzettlich, oft deutlich hohl. Grüne bis goldgrüne, weit verbreitete Moose. Blätter wenig oder nicht gezähnt, fein gespitzt. Stammblätter eiförmig-lanzettlich, bis über 3 mm lang.

49. Blätter nicht herablaufend. Oft mit Kapseln und vorwiegend auf Erde, Gestein und morschem Holz, seltener auf Borke. Häufiges Moos nährstoffreicher Standorte, besonders der Ruderalvegetation (auch in Mahdwiesen). .... **Brachythecium rutabulum**

49*. Blätter am Stängel deutlich herablaufend (Blattflügel aus scharf abgegrenzten wasserhellen Zellen). Meist steril. Im Fließwasserbereich verbreitet und in Sumpfwiesen. .... **Brachythecium rivulare**

47*. Blätter nicht faltig.

50. Seta meist warzig. Kleinere Moose mit glatten, oft kaum 1 mm langen, kaum langspitzigen Blättern. An ziemlich trockenen, schattigen Plätzen.

51. Goldgrün, mit etwas gekrümmten, abstehenden Blättern. Vorwiegend auf nicht zu nährstoffarmer Erde, häufig in Wäldern. Seta rau. .... **Brachythecium velutinum**

51*. Wie vorige, aber Seta glatt. Seltene südliche Sippe. .... **Brachythecium velutinum** .... var. **salicinum**

50*. Seta nur oben rau.

52*. Ähnlich, aber meist braungrün, mit trocken straff anliegend Blättern (Rippe oft bis Spitze). Ein basiphytisches Gesteinsmoos trockener Lagen. .... **Brachythecium populeum**

52*. Kalkmeidendes Feuchtmoos, meist an Bachgestein, aber in luftfeuchter Lage auch z. B. an Borke vorkommend. Blätter wenig größer, 1,5 mm, etwas hohl und wie bei *Brachythecium velutinum* etwas einseitswendig. Rippe bis etwa zur Mitte. Seta nur oben rau. .... **Brachythecium plumosum**

45*. Seta glatt. Blätter auch feucht ± angedrückt, eiförmig-lanzettlich. Stängel stielrund, wurmförmig. Meist (außer *Brachythecium albicans*) kräftige Moose.

53. Blätter meist mit deutlicher bis kräftiger Rippe. (53* nach 54*)

54. Unregelmäßig beastet. Blätter gut gerippt, fein zugespitzt, deutlich bis stark längsfaltig. (54* nach 57*)

55. Kräftige Moose, mit 2 (– 3) mm dicken Stängeln. Blätter (2 –) 3 – 4 mm. Seta glatt.

56. Sumpfmoos mit braunem Stängelfilz. Blätter schmal-lanzettlich, allmählich in eine lange Spitze ausgezogen, bis 4 mm lang, tief längsfaltig, trocken auch wenig abstehend. Aufrecht stehende Stängel in dichten Rasen oder zwischen anderen Moosen. .... **Tomenthypnum**

56*. Auf Erde und Gestein, nie in Sümpfen. Blätter plötzlich in ein hyalines Haar verjüngt, maximal 4 mm lang. Außer mit *Cirriphyllum tommasinii* auch mit bleichem *Brachythecium rutabulum* zu verwechseln. Auf feuchtschattigem, meist kalkhaltigem Substrat. Zerstreut. .... **Brachythecium glareosum**

55*. Blätter allmählich in eine dünne Spitze ausgezogen, kleiner, nur bis 3 mm lang. Stängel 1 – 2 mm dick.

57. Blätter bis 3 mm, z. T. etwas gekrümmt. Basiphytisch, bodenvag, trockenresistenter. Mehr ruderal verbreitet. . . . . **Brachythecium salebrosum**

57*. Blätter etwas hohl und wenig faltig, Haarspitze kurz. Zweige wurmförmig, meist niederliegend, dichtrasig, meist um 2 cm lang, trocken gelbgrün. Oft in größeren Decken. Kalkmeidendes, meist steriles Moos sonnig-trockener Plätze. So besonders an sandigen Wegsäumen und in Heiden verbreitet. Auch auf Mauern. . . . . **Brachythecium albicans**

54* Stängel grün, einfach und regelmäßig fiederig, bis über 5 cm lang. Blätter ± hohl und glatt bis kaum faltig, ± ganzrandig, ohne Haarspitze sowie die Rippe schwach entwickelt. Kapseln sehr selten. Häufiges, dem Substrat locker aufliegendes Deckenmoos. Neutrophytisch. Auf humosen Böden, an grasigen Böschungen usw. An Sekundärstandorten. . . . . **Scleropodium purum**

53*. Habituell ähnlich **Scleropodium**, aber unterschieden durch einen rotbraun durchscheinenden Stängel und rippenlose, abgerundete Blätter ist **Pleurozium**.

46*. Deckel geschnäbelt.

58. Deckel lang geschnäbelt. Blätter mit Rippe. (58* nach 67*)

59. Blätter mit (z. T. schwacher) Rippe. Winzige Moose mit lineal-lanzettlichen, in eine feine Spitze verlängerten, kaum angedrückten, nur etwa 0,7 mm langen, ± ganzrandigen Blättern. Kapsel geneigt, kurz oval (ca. 1 mm) auf 6 – 7 mm langer, glatter Seta. An Kalkgestein, besonders auch Kalkmörtel trockener Mauernischen, seltener auf Erde. Vor allem in Süddeutschland. . . . . **Rhynchostegiella tenella** (Leicht mit Kümmerformen von *Homalothecium sericeum* zu verwechseln.)

59*. Blätter nie alle lineal-lanzettlich, größer, gezähnt.

60. Blätter feucht ± anliegend. Größere, oft kräftige Moose. Pflanzen mit ± hohlen, bis 2 mm langen, glatten Blättern, auch feucht anliegend. Kapseln ± waagerecht. (60* nach 63*)

61. Blätter plötzlich in ein langes Haar verjüngt. Seta rau. Stängelgipfel mit mehreren pinselförmigen, spreizenden Haaren. . . . . **Cirriphyllum**

62. Einfach gefiedert. Habituell *Scleropodium purum* ähnlich. Nährstoffliebend. Nicht selten an Wegböschungen, in Parkwiesen u. Ä. . . . . **Cirriphyllum piliferum**

62*. Büschelig verzweigt ist hingegen das für beschattete Kalkblockhalden typische Gebirgsmoos . . . . . **Cirriphyllum tommasinii**. (Wenn kaum verzweigte Moose unter 1 mm dicke, wurmförmige Stängel haben, wären auch *Myurella* (fast nur im Hochgebirge) und *Pterigynandrum* zu vergleichen.)

61*. Mittelgroße, um 1 – 2 cm lange, niederliegende, haftende Moose. Mit viel kleineren und bis 2 mm langen, spitzen bis abgerundeten Blättern.

63. Blätter eiförmig, meist abgerundet, Rippe manchmal fehlend (dann mit *Hygrohypnum* vergleichen). Stängel grün, ± abgeflacht-wurmförmig, 1 – 2 cm lang, wenig verzweigt, dem Substrat angedrückt. Seta glatt. Häufig. An feuchtem Kalkgestein sowie Mauern verbreitet. . . . . **Rhynchostegium murale**

63*. Blätter eiförmig bis breitlanzettlich, spitz, wenig hohl. Pflanzen z. T. braungrün, in meist bis zu handtellergroßen Decken. Basiphytisch. In Westdeutschland nicht selten. Gesteinsmoos, besonders an Mauern und Bachsteinen. . . . . **Rhynchostegium confertum**

60*. Blätter aufrecht abstehend. Seta meist warzig-rau (außer 66*).

64. Wenigstens die Stängelblätter ± faltig, um 2 mm lang. Pflanzen in ± deutlichen Bäumchenrasen oder Decken. Kräftige, 1 – 5 cm lange, ± fiederige Pflanzen in größeren Beständen auf reicheren, feuchteren Waldböden. . . . . **Eurhynchium striatum** agg. (Sehr ähnlich, aber ohne Rippe und meist auf Gestein in Blockhalden, in der Ebene sehr selten. . . . . **Hylocomium brevirostre**)

64*. Blätter glatt. Stängelblätter bis 1,5 mm. Astblätter oft nur 0,5 mm lang.

65. Zweige ± deutlich fiederig, mit glatten, dreieckigen Stängelblättern. Astblätter viel kleiner, lanzettlich.
66. Stängel um 3 – 4 cm lang. Stängelblätter um 1,5 mm, feinspitzig. Kalkmeidend, auf feuchten Böden. Meist häufig, aber den Alpen wohl fehlend. .... **Eurhynchium praelongum**
66*. Kleiner und zierlich. Stängelblätter um 1 mm lang. Astblätter mit stumpflicher Spitze. Seta glatt. Nur im Gebirge öfter. Formenreich. .... **Eurhynchiastrum pulchellum**
65*. Stängel- und Astblätter gleich. Unregelmäßig verzweigt. Kräftigere, 2 – 3 cm lange Stängel. Stängelblätter um 1 mm lang.
67. Matt schmutziggrüne Moose. Astblätter mit gerader Spitze. Nährstoffliebend. Vor allem an lichten, ruderalen Plätzen. .... **Eurhynchium hians** (Ähnlich, aber in allen Teilen kleiner ist **Eurhynchium pumilum**, eine wärmeliebende Art, vor allem auf Löß- und Kalkböden).
67*. Grüne, schwachglänzende, ähnliche Moose. Astblätter mit gedrehter Spitze. Calciphytisch. .... **Eurhynchium schleicheri**
58*. Deckel kurz geschnäbelt. Blätter nicht deutlich hohl, schräg oder aufrecht abstehend.
68. Blätter ohne Rippe. Blätter nicht faltig. (68* nach 71*)
69. Blätter ± sichelig, auch länger und lang zugespitzt.
70. Meist kräftige, 2 – 3 mm breite und bis über 5 cm lange, oft etwas gefiederte Moose. Stängel nie rotbraun. An Borke, morschem Holz und Gestein oder auf Erde (dazu vgl. *Hypnum cupressiforme*, *Hypnum jutlandicum* und *Hypnum lindbergii*). .... **Hypnum**
70*. Zierliche, kaum 1 cm lange Stängel und mit unter 0,5 mm langen Blättern haben Kalkgesteinsarten wie **Hypnum recurvatum** und **Hypnum sauteri** mit stark sicheligen sowie *Homomallium incurvatum* mit kaum gekrümmten Blättern.
69*. Stängel nur bis um 1 cm lang, lockerer beblättert, kaum verflacht. Blätter eiförmig zugespitzt, etwas hohl, mit kurzer, unscheinbarer Rippe. Auf reicheren Waldböden oft in ausgedehnten Beständen, besonders an Böschungen. Vor allem im Bergland. .... **Plagiothecium cavifolium**
69**. Blätter gerade (vgl. aber auch *Hypnum cupressiforme*).
71. Pflanzen doppelt gefiedert, trocken etwas glänzend, mit rotbraunem Stängel. Zweige oft über 5 cm lang, Etagen bildend. Blätter anliegend. Auf Humus in Wäldern. .... **Hylocomium splendens**
71*. Blätter trocken und feucht ± schräg abstehend, selten ± hohl, immer lanzettlich, fein zugespitzt.
68*. Wenigstens die Stängelblätter ± faltig, Pflanzen ± büschelig verzweigt, in ± deutlichen Bäumchenrasen oder Decken. Meist auf Gestein in Blockhalden, in der Ebene sehr selten. ...... **Hylocomium brevirostre** (Ähnlich, (aber mit gerippten Stängelblättern,) ist **Eurhynchium striatum**.)

Weitere, gewöhnlich nur sterile Arten sind im folgenden Bestimmungsschlüssel für Laubmoose ohne Sporogone verarbeitet.

2. Bestimmungsschlüssel für Laubmoose ohne Sporenkapseln

A. Für aufrechte (akrokarpe) Laubmoose

(zur Unterscheidung der pleurokarpen Moose vgl. S. 22 den „Bestimmungsschlüssel für Laubmoose mit Sporenkapseln")

1\. Trocken weißliche, aber feucht hellgrüne, sonst auch braune, gelbliche oder rote Polster oder -rasen. Pflanzen kräftig, meist über 5 cm lang und über 1 cm breit (Blätter mit chlorophyllhaltigen Grünzellen und mit Wasserzellen mit Poren). Immer kalkmeidend. Auf vernässten, rohhumusreichen Böden.

2\. Pflanzen einfach oder gabelig verzweigt, in kleineren bis über 30 cm breiten, dichten Polstern oder auch als Polsterrasen in Wäldern, Heiden oder Mooren. Blätter mit sehr breiter (Wasserzellen enthaltender) Rippe und schmaler, durchscheinender, ± kapuzenförmiger Lamina, mindestens 3 – 5 mm lang, schmal-lanzettlich verjüngt. Pflanzen grün bzw. weißlich-grün. Auf feuchtem Rohhumus, Torf, an Silikatgestein oder auch an Baumbasen. .... **Leucobryum**

2*. Pflanzen an offenen Plätzen oft rot überlaufen, bräunlich oder gelbgrün. Im Schatten feucht grün, trocken weißlich bzw. farbig. Stängel mit kurzen bis sehr kurzen Kopfästen (oft edelweißähnliche Köpfchen bildend) und dünneren, verkürzten, büscheligen Seitenästen. Blätter unter 2 mm lang, hohl, durchscheinend, rippenlos, die Grünzellen ein deutliches Netzwerk bildend. Auf Feuchtstandorten in nassen Wäldern, auf Rohhumus und besonders in Mooren (auch submers), seltener über Rohhumus auf Gestein. .... **Sphagnum**

1*. Pflanzen mit anderer Merkmalskombination. Nie mit besonderen Wasserzellen.

3\. Blätter echt und streng zweizeilig. (3* nach 7*)

4\. Blätter ohne Rippe, spitz, nicht bis zum Stängel eingeschnitten. Hell matt-bläulichgrüne, nur um 3 mm hohe Rasen. Im Tiefschatten oft mit smaragdgrün reflektierendem Vorkeim. Kalkmeidend. Fehlt in der Ebene. In Höhlungen, unter Baumwurzeln und an anderen feuchten, geschützten Standorten in Wäldern und Blockhalden. .... **Schistostega pennata** (Echt zweizeilig sind auch die beblätterten Lebermoose, diese haben aber nie einfache und zugleich spitze Blätter.)

4*. Blätter mit deutlicher Rippe.

5\. Blätter (bis 3-mal so lang wie breit) mit Rippe und aufliegendem kleinen Lappen (Flügel) von 1/3 – 2/3 der Blattlänge. Meist 2 bis über 20 mm große, gelblich- bis dunkelgrüne Rasen auf Erde oder Gestein (meist zumindest basiphytisch), auch submers. .... **Fissidens**

5* Ähnlich ist ein Wassermoos mit linealischen Blättern und nur 1/3 so langen Flügellappen. .... **Octodiceras**

5**. Blätter nie mit solchen Flügellappen.

6\. Blätter borstlich, mit weißer Blattscheide (Blatt abtrennen!). .... **Distichium**

6*. Blätter breiter, lanzettlich bis länglich-lanzettlich, gezähnt, meist gesäumt, 2 – 5 mm lange Schattenform von .... **Mnium** spec.

6**. Blätter elliptisch oder elliptisch-lanzettlich, gesäumt. Feuchtmoose.

7\. Pflanzen braungrün. Blätter ± abgerundet, ganzrandig. .... **Rhizomnium**

7*. Pflanzen frisch- bis dunkelgrün. Blätter meist zugespitzt, ± deutlich gezähnt. Stängel oft nackt. .... **Plagiomnium**

3*. Blätter spiralig 3- bis vielzeilig. Stängel bzw. Zweige rundum bis abgeflacht, höchstens scheinbar 2-zeilig beblättert.

8\. Pflanzen 3-zeilig beblättert. Kalkstet.

9\. Sumpfmoos in 1 – 3 cm hohen Rasen. Stängel frischgrün, sparrig beblättert, aufrecht. Sehr selten. .... **Meesia triquetra**

9*. Feuchtmoos tiefschattiger Kalkfelsen. Pflanzen in Herden, nur wenige mm hoch. Selten im Mittelgebirge, zerstreut in den Alpen. *Seligeria trifaria* agg.

8*. Stängel rundum mehrzeilig beblättert. Blätter nie echt zweizeilig.

10\. Blattrippe mit oberseitigen (mit der Lupe als feine Längsstreifung sichtbaren) Lamellen. (10* nach 20*)

11. Winzige, etwa 2 – 4 mm breite Rosetten. Kalkholde Herdenmoose offenerdiger Plätze. Rippe kaum verbreitert, mit niedrigen Lamellen oder Zellfäden.
12. Kaum über 2 mm breite Rosetten. Blätter schalenförmig, mit Glashaar, oben mit wenigen, niedrigen Lamellen. Meist mit Kapseln. An sonnig-trockenen Standorten. .... **Pterygoneurum**
12*. Blätter mit eingebogenem Rand, die 2 – 4 mm breiten Rosetten dunkelgrün, glänzend, einer kleinen *Aloe* ähnlich. Auf der oben breiteren Rippe dicht mit aufrechten Zellfäden besetzt (Querschnitt!). Z. T. steril. Trockenere bis feuchtere Standorte. .... **Aloina**
11*. Moose immer viel größer, mindestens 3 – 5 mm, meist aber 1 cm oder viel höher. Rippe z. T. die ganze Blattbreite einnehmend. Blätter feucht ± abstehend bis schräg aufrecht. Kalkmeidend.
13. Blätter glänzend dunkelgrün, oben rinnig, fast stumpflich. Die Rippe mit wellenförmigen Lamellen und der Blattrand feucht oben eingebogen. Blätter trocken verbogen. Pflanzen in bis fast 5 mm breiten Rosetten, in niedrigen Rasen oder Herden, meist kaum 1 cm hoch. Besonders auf und an feuchteren Wegen. Vorwiegend im Gebirge. In der Ebene selten. .... **Oligotrichum hercynicum**
13*. Ähnlich, aber u. a. durch gerade Lamellen unterschieden, ist **Polytrichum sexangulare**, ein Charaktermoos alpiner Quellfluren.
13**. Mit anderer Merkmalskombination (immer mit geraden Lamellen).
14. Blätter mit durchscheinender, flachrandiger, oft welliger Lamina, mit gezähntem Rand. Rippe ± dünn (höchstens 1/3 der Blattbreite), mit wenige Zellen hohen Lamellen-Streifen. Blätter trocken ± kraus. .... **Atrichum** Wellige Blätter hat das sehr häufige **Atrichum undulatum.** Glattblättrig sind die kleineren und seltenen Arten **A. angustatum** und **A. tenellum**.
14*. Blätter derb, fleischig, nicht durchscheinend, mit Scheidenteil. Rippe fast die ganze Blattbreite einnehmend, es verbleibt nur ein schmaler Lamina-Rand.
15. Blätter feucht flach, nicht glänzend, gezähnelt, Rippe höchstens kurz austretend. (15* nach 18**)
16. Rosetten niedrig, matt dunkelgrün, meist kaum 1 cm hoch. In Herden oder lockeren Rasen. Mit lang ausdauerndem dunkelgrünem Vorkeim-Teppich. Nur auf offenerdigen, wenig feuchten Magerstandorten, besonders an Waldböschungen................. .... **Pogonatum aloides** und .... **Pogonatum nanum**
16*. Meist kräftige, gewöhnlich über (1 –) 2 cm (bis über 10 cm) hohe Moose. Besonders in Wäldern (vgl. aber 21).
17. Blätter feucht graugrün, z. T. gabelig verzweigt, ca. 1 – 5 cm hoch. Auf anlehmigen Mineralböden offener Standorte, z. B. auf Wegen. Im Silikatgebirge verbreitet, seltener in der Ebene. .... **Pogonatum urnigerum**
17*. Blätter feucht matt dunkelgrün, außer als Jugendform mindestens 2, häufig bis 10 cm und höher. Nie gabelig verzweigt. Besonders auf Rohhumus, auch über Gestein und auf morschem Holz.
18. Stängel unten etwas filzig. Habitus „mehr grob". (Lamellenendzellen abgerundet.) Oft bis 10 cm hohes, häufiges Waldmoos feuchter bis ziemlich trockener Lagen. .... **Polytrichum formosum**
18*. Stängel auch unten kahl. Bis über 30 cm hohe Rasen von „graziler Erscheinung". Mit schmaleren, waagerecht abstehenden bis zurück gebogenen, um 1 cm langen Blättern. In Sümpfen, Flachmooren und Nasswiesen. Oft noch ziemlich verbreitet. .... **Polytrichum commune** agg.
18**. Von ähnlicher Erscheinung (aber Lamellenendzellen abgerundet), Blätter etwas kürzer. Mit walzlichen Kapseln. An feuchten Waldböschungen und in Blockhalden. Die Art ist in den höheren Mittelgebirgen selten, aber ziemlich verbreitet in den Alpen...... ....**Polytrichum alpinum**
15*. Blätter glänzend (blau-)grün, durch die auch feucht relativ breit eingebogenen Blatt-

spreitenränder anscheinend ganzrandig. Rippe als gezähnter, roter Stachel oder weißes Haar austretend.

19. Rippe als langes, meist weißes Glashaar aus der stumpflichen Blattspitze austretend. An sonnigen Plätzen auf Mineralböden, z. B. in Sandheiden. ...... **Polytrichum piliferum**

19*. Rippe als gezähnter, roter Stachel austretend. Blätter allmählich verjüngt.

20. Blätter spreizend, um 1 cm lang. An sonnigen Plätzen auf Mineralböden. .... **Polytrichum juniperinum** Beide vorgenannten Arten sind außerhalb der Kalkgebiete ziemlich häufig.

20*. Ähnlich der vorigen, aber ausgezeichnet durch Stängelfilz und kürzere, um 5 mm lange, spitzwinklig inserierte Blätter. Seltener. Nur in Mooren, besonders auf trockenfallendem, sowie auf alpinem Humus .... **Polytrichum strictum**

10*. Blattrippe oberseits ohne Lamellen (nicht gestreift). Akro- und pleurokarpe Moose. Pflanzen spiralig mehrzeilig beblättert.

21. Pflanzen vegetativ habituell in *Polytrichrum formosum* ähnlichen Beständen. Blätter auch scheidig, grob gezähnt, aber ohne Lamellen auf der Rippe. Gebirgsarten, insbesondere der Alpen. Meist an schattig-feuchten Plätzen................ **Timmia** (nur hier + 93)

21*. Moose gewöhnlich von ganz anderer Erscheinung als die vorigen Arten.

22. Moose mit auffälligen Brutorganen und (bereits mit der Lupe erkennbaren) Brutkörpern. (22* nach 36*)

23. Am Ende aufrechter Triebe mit sitzenden oder gestielten Brutköpfchen bzw. Brutbechern. (23* nach 27*)

24. Blätter mit winzigen Glashaarspitzen. Stängelspitzen mit rotbraunen Brutkörperhäufchen (Lupe!) aus maulbeerartigen Brutkörpern. Auf Silikatfelsblöcken, besonders vulkanischem Gestein in Bergwäldern. .... **Grimmia hartmanii**

24*. Blätter ohne Glashaarspitzen. Brutköpfchen an 0,5 – 1 cm langen Trieben mit gelbgrünen oder grünlichen Brutkörpern.

25. Akrokarpe Moose. Brutkörper an der Spitze aufrechter Stängel.

26. Zumindest an den Stängelspitzen matt (Blattzellen mamillös!), hellgrün, angetrocknet oft gelbgrün. Blätter ± lanzettlich. In dichten Rasen oder Polstern. Auf morschem Holz, seltener an Silikatgestein usw. .... **Aulacomnium androgynum** (Das meist über 2 cm hohe, viel kräftigere Sumpfmoos *Aulacomnium palustre* entwickelt teilweise seitliche Brutzweige.)

26*. Pflanzen ähnlich, aber dunkelgrün, schwach glänzend. Die bis 1 cm hohen, lockeren Rasen innen oft bräunlich. Blätter eiförmig zugespitzt. Oft mit Brutbechern aus schüsselförmig angeordneten Blättern, seltener nur Brutköpfchen. Auf ähnlichen Substraten, aber nie auf Sumpfboden. .... **Tetraphis pellucida**

25*. Astmoose: bräunlichgrüne, kleinere Arten. Die gerade-aufrechten kleinen Brutsprosse, an deren Ende winzige Brutblättchen sitzen, entspringen dem Rücken der niederliegenden Zweige.

27. Blätter etwas glänzend. Habituell einem kleinen *Hypnum cupressiforme* ähnlich. An saurer Borke, seltener an Silikatgestein, ziemlich verbreitet. .... **Platygyrium**

27*. Glanzloses Moos. Habituell einem *Amblystegium* ähnelnd. Jetzt wohl nur noch im Gebirge und dort in höheren Lagen nicht selten, an Borke und auch an Kalkstein. .... **Pseudoleskeella nervosa**

23*. Brutkörper nicht zu endständigen Köpfchen angehäuft.

28. Ein- bis mehrzellige Brutkörper (wenn vielzellige Blatt- oder Stängelteile, s. 28* nach 32*).

29. Niedrige (kaum 1 – 2 cm hohe) herdenbildende, in Rasen oder Polsterrasen wachsende Erdbewohner, seltener. (29* nach 30*)

30. Auch oder nur mit unterirdischen Brutknöllchen (Rhizoidgemmen). Kaum über 1 cm hohe Moose, fast nur auf Erde.

31. Blätter lineal bis pfriemlich. Knöllchen winzig, wie die Rhizoiden lila. *Dicranella heteromalla*-ähnliche Rasen bildend. .... **Leptobryum**

31*. Blätter breitlanzettlich. Mit himbeerartigen, bis über 0,2 mm großen, roten Brutkörpern (Lupe!), sowohl in den Blattachseln der bis um 1 cm hohen Pflanzen, wie an den Rhizoiden. Blätter breit-lanzettlich, grün bis braungrün. Auf feuchten Wegen und anderen ruderalen Standorten. . **Bryum rubens** (Weitere Verwandte (*Bryum erythrocarpum* agg.) entwickeln nur Rhizoidgemmen.)

30*. Brutorgane nur an oberirdischen Organen. Mit anderen und anders inserierten, kleinen Brutkörpern. Moose mit Büscheln von Brutfäden oder fädigen Brutsprossen auch in den Blattachseln. Moose verschiedener Substrate. An Borke und auf Rohhumus **Bryum subelegans**, nur auf dauerfeuchter Erde z. T. bei **Pohlia annotina** agg., an morschem Holz **Dicranum flagellare**, auf magerem Waldboden **Pseudotaxiphyllum elegans** sowie an (meist) kalkhaltigem Gestein und auf Erde **Encalypta streptocarpa**.

29*. Nicht erdbewohnende Arten. Meist Brutkörper wenigzellig, an den Blättern gebildet. Moose in meist kleinen Polstern oder Polsterrasen, an Borke, seltener an Gestein.

32. Die kleinen Brutkörper sind mindestens mit der Lupe gut sichtbar.

33. Ein bis über 3 cm große, rasig wachsende (trocken *Leucodon* ähnliche) Pflanzen. An den bis um 5 mm langen Blättern wenigzellige, aber gut sichtbare, längliche Brutkörper. Die Blätter wirken durch den Brutfädenbesatz oft wie rostig behaart. An Borke ziemlich verbreitet, aber in der Ebene meist selten. . . . . **Orthotrichum lyellii**

33*. Pflanzen feucht in kleinen Rosetten (2 – 4 mm breit). Polster an freistehenden Laubbäumen (selten auch Gestein). Blätter mit eingebogenem Rand, kurzer Haarspitze und auf der Rippe der bis um 5 mm langen Blätter ein reicher Besatz kugeliger Brutkörper, der dort eine schwammige Masse bildet. . . . . **Syntrichia papillosa**. Auf der Blattfläche zerstreute Brutkörper hat hingegen die breitblättrige . . . . **Syntrichia latifolia**.

32*. Blätter ohne auffällige Brutorgane, bzw. mit nur mikroskopisch sichtbaren ein- oder wenigzelligen Brutkörpern ausgestattet sind z. B. **Dicranoweissia cirrata**, **Didymodon rigidulus**, **Grimmia trichophylla**, sowie einige Arten der Gattung **Orthotrichum** und alle **Zygodon**-Arten.

28*. Moose mit vegetativer Ausbreitung durch abfallende Stängel- und Blattteile.

34. Mit axillären Brutknospen oder -knöllchen (vgl. auch 23*).

35. Mit axillären, winzigen, ± kugeligen Brutknospen. Aus den Blattachseln ± anliegender Blätter der bis über 0,5 cm hohen Stängel hervorquellend. So bei **Anomobryum concinnatum** (auch an nassem Gestein), **Bryum bicolor** agg., **Bryum gemmiparum** und **Bryum argenteum** fo. (sowie *Pohlia bulbifera und Pohlia filum*).

35*. Pflanzen mit in den Blattachseln gebildeten, herausfallenden, kurzblättrigen schlanken Brutknospen (besser -zweigen). Fast immer auf Rohhumus und morschem Holz. Vgl. **Campylopus flexuosus** und **Campylopus introflexus**, **Dicranum scoparium**, **Leucobryum** sowie auch **Pohlia nutans** mod. **saltans** und **Pohlia annotina** agg. sowie **Pseudotaxiphyllum elegans**. Deren „mod. *nana*" könnte man auch für eine Akrokarpe halten.

34*. Pflanzen mit brüchigen Blättern oder Blattspitzen und abbrechenden Brutblättern.

36. Leicht abfallende Brutblätter haben die dickrippigen, einseitswendig beblätterten, kalkmeidenden, 0,5 bis mehrere cm hohen, Rohhumus, morsches Holz und Silikatgestein bewohnenden Moose **Dicranodontium denudatum**, **Campylopus fragilis** und **C. pyriformis** sowie **Dicranum montanum**.

36*. Durch leicht ab- und zerbrechende Blätter bzw. Blattspitzen sind u. a. **Dicranum tauricum, D. viride** und **D. montanum**, **Tortella fragilis** (vgl. Smith) sowie **Oxystegus tenuirostris** und nicht selten auch **Tortella tortuosa** (fo. *fragilifolia*) ausgezeichnet.

22*. Gewöhnlich ganz ohne Brutkörperbildungen.

37. Blätter wenigstens feucht abstehend, selten auch zurückgebogen. Glashaare fehlend. (37* nach 47*)
38. Die Stängelblätter auch trocken abstehend bis zurückgebogen.
39. Bis über 2 cm hohe, basi- bis calciphytische, seltene Sumpfmoose: Siehe **Paludella** (mit fast dreieckigen Blättern) und **Meesia triquetra** (Blätter lanzettlich).
39*. Bis kaum 3 mm hohe, winzige, einzeln bis in lockeren Räschen wachsende Erdmoose mit (rau) borstlichen, trocken wenig verbogenen Blättern. Sporogone selten. Feuchteliebendes Ruderalmoos. .... **Ditrichum cylindricum** (= Trichodon c.)
38*. Die Stängelblätter nur feucht sparrig abstehend bis zurückgebogen.
40. Moose in Polstern oder Rasen (Blätter glatt oder papillös) (40* nach 45*).
41. Kräftige Moose in (1 –) 2 cm bis um 5 cm tiefen Rasen oder Polstern. Blätter fast immer undurchsichtig. An nassen Standorten (41* nach 44*).
42. Kalkmeidende Arten, fast nur im Gebirge.
43. Ein oft üppiges Sumpfmoos in 2 cm bis über 5 cm tiefen, glänzend-hellgrünen Rasen. Blätter lanzettlich. In kalten Quellmooren und Sümpfen der Silikatgebirge. Selten in der Ebene. .... **Dicranella palustris**
43*. Polstermoos aus 2 – 3 mm breiten, dunkelgrünen (abgestorben gelbbraunen) Pflanzen mit feucht glänzenden, gekrümmten (ganzrandigen, fein-papillösen) Blättern. Oft mehr als handgroße (auch ausgedehnte), 2 – 10 cm tiefe Polster an dauerfeuchten, oft überrieselten, basenreichen Silikatfelsen bildend. In den Silikatgebirgen ziemlich verbreitet. .... **Amphidium mougeotii**
42*. Calciphytisch. Blätter nicht glänzend.
44. Blätter lineal-lanzettlich. Habituell, wie auch seine rein alpinen Verwandten, *Amphidium* ähnlich, aber in hellgrünen Polstern und nur mikroskopisch sicher zu erkennen. Eine seltene, kalkholde Art der höheren Mittelgebirge und Alpen. .... **Anoectangium aestivum**
44*. Blätter eiförmig-lanzettlich bis zungenförmig, trüb grün. In viel kleineren Kurzrasen oder Polsterrasen. An meist nassen Standorten, auch auf Erde.
41*. Moose an trockenen bis feuchten Plätzen. Wenn kalkmeidend nicht an nassem Gestein. Weniger kräftige, um 1 cm hohe polsterige Arten mit 3 – 5 mm langen Blättern.
45. Erd- und Mauermoose, meist mit Kapseln. Blätter ± spitz. An trockenen Plätzen.
46. Stachelspitzige, 6 – 7 mm lange Blätter hat das kalkholde Waldbodenmoos .... **Tortula subulata**
46*. Durch kaum bespitzte, oben dickrippige, nur 2 mm lange, trocken gedrehte Blätter ist *Tortula atrovirens*, ein Mauermoos der westdeutschen Weinbaugebiete, ausgezeichnet.
45*. Blätter z. T. stumpflich. Feuchtmoos..... .... **Didymodon tophaceus**
40*. Herdenmoose oder auch als Kurzrasen. Selten über 10 mm hoch, ziemlich verbreitet.
47. Blätter spitz (selten stumpflich) und ± kalkholde Arten an offenerdigen Standorten, so z. B. auf Wegen.
48. Auf feuchten, erdigen, auch kalkarmen, oft ruderalen Plätzen. Blätter glatt, lineallanzettlich (das ähnliche *Ditrichum cylindricum* hat Borstblätter) und trocken kraus. .... **Dicranella schreberiana** (Etwas ähnlich ist auch *Dichodontium*. Seine Arten haben aber breitere, kräftig gezähnte (mamillose) Blätter und wachsen fast nur an überrieseltem Ufergestein. In süddeutschen Gebirgen verbreitet, sonst selten.)
48*. Längerfristig trockene, kalkhaltige Standorte besiedeln die **Didymodon**-Arten. Blätter grün bis bräunlich, feucht abstehend bis kurvig und lanzettlich-spitz (papillös), trocken angedrückt. Bei **Didymodon vinealis** var. **flaccida** sind die abstehenden Blätter kraus.
47*. Blätter zungenförmig, feucht hell- bis dunkelgrün, trocken bräunlich, in niedrigen, 3 – 4 mm breiten Rosetten. An offenen, kalkfreien Böschungen (besonders in Laubwäldern), öfter mit *Pogonatum aloides*. In der Ebene sehr selten. . **Diphyscium foliosum**

37*. Blätter feucht nicht sparrig abstehend, auch anliegend.
50. Blätter feucht immer (außer z. T. bei 69 – 69**) ± schräg abstehend bis höchstens trocken anliegend (50* nach 79*)
51. Blätter meist gerade (51* nach 72**).
52. Blätter in ein kurzes bis längeres Glashaar auslaufend. (52* nach 54**; vgl. auch 80*)
53. Feucht dunkelgrüne Büschel bis ausgedehnte Rasen. Blätter lineal-borstlich, steif aufrecht. Auf Sanddünen, in steinigen Trockenrasen (seltener auf morschem Holz). In Nord- und Westdeutschland inzwischen ziemlich verbreitet. .... **Campylopus introflexus** (In den Südalpen ist (die nur mikroskopisch über Blattquerschnitte zu unterscheidende) **Campylopus pilifer** ziemlich verbreitet. In Norddeutschland kommt sehr selten das sehr kurzhaarige *Campylopus brevipilus* vor.)
53*. Pflanzen auch anders gefärbt. Blätter nicht lineal-borstlich. Nie auf Rohhumus.
54. Blätter meist mit längerem Glashaar, flach, ein- oder umgerollt, (1 –) 2 5 mm lang. Trocken an sonnigen Plätzen gewöhnlich grauhaarige Polster mit anliegenden Blättern bildend. Feucht dunkler grün bis schwärzlich, ± glänzend. .... **Grimmia**
54*. Ähnlich, aber durch längsfaltige, meist unter 2 mm lange Blätter zu unterscheiden. Im Silikatgebirge nicht selten. .... **Coscinodon cribrosus**
54**. In ein bis um 2 cm hohen, feucht dunkelgrünen Polsterrasen oder polsterig. Trocken schwarzgrün bis schwärzlich, mit anliegenden Blättern. Glashaare meist kurz, z. T. nur an den Blättern der Zweigspitzen bzw. Perichaetien oder auch fehlend. .... **Schistidium**
52*. Blätter ohne Glashaar oder wasserhelle Spitze (vgl. aber 82*).
55. Blätter lang pfriemlich auslaufend. Immer aufrechte Moose. Trocken anliegend, verbogen oder kraus. (55* nach 58**)
56. Blätter gerade bis wenig einseitswendig, trocken kaum verbogen, feucht und trocken grün (z. T. mit Zähnen in der Blattspitze). Meist auf Erde.
57. Wenige mm bis um 5 cm hohe Moose mit bis über 1 cm langen Blättern und wellenförmig verbogenem (flexuosem) Stängel. Kalkstetes Moos in Trockenrasen, wie an feuchten und schattigen Felsen. In den Kalkgebirgen verbreitet (ähnlich *Distichium*). .... **Ditrichum flexicaule** agg.
57*. Kalkmeidende, meist kaum bis 5 mm hohe Arten, auch im Flachland (z. B. **Ditrichum pusillum**, wie im Gebirge. Dort z. B. **Ditrichum heteromallum** ziemlich verbreitet. Öfter mit zylindrischen Bruttrieben).
56*. Blätter feucht kaum einseitswendig, aber trocken kraus, in meist kleineren, 1 – 2 cm hohen Polstern an Borke, wie auch an morschem Holz oder Silikatgestein.
58. Polster etwas glänzend (Blätter glatt, mit Brutkörpern). Häufiges Borken- (und selteneres Silikatgesteins-) Moos (in den Alpen ist die ähnliche (ohne Brutkörper und glatte Blätter) *D. crispula* an Silikatgestein verbreitet, seltener an Borke). .... **Dicranoweisia cirrata**
58*. Polster matt hellgrün und oft dicht mit stäbchenförmigen Brutblättern (fo. *pulvinata*) besetzt. Verbreitet an morschem Holz und saurer Borke. .. **Dicranum montanum**
58**. Habituell ähnlich sind zwei *Bryaceen* (mit rhombischen Zellen). Einmal ein mit violetten Rhizoiden und auf Kalktuff, nassen Wegen, Schlamm und besonders an vulkanischem Gestein sowie auch in Blumentöpfen wachsendes Moos, **Leptobryum pyriforme**, wie auch eine weitere, auf morsches Holz, Rohhumus und Baumbasen beschränkte Art, **Orthodontium lineare**.
55*. Blätter nie zum größeren Teil borstenförmig.
59. Blätter lanzettlich bis lineal-lanzettlich (59* nach 85*).
60. Blätter mit einer Rippe, die etwa 2/3 der Blattbreite einnimmt (noch breitere Rippen kommen bei *Leucobryum* (s. u.) und den *Polytrichum*-Arten vor), lineal-lanzettlich, oft ±

einseitswendig. In dichten Rasen oder Polstern. Kalkmeidend. (60* nach 63*)

61. Dunkelgrüne bis schwärzliche, meist reichlich braunfilzige Moose. Blätter pfriemlich auslaufend. Häufig mit schlanken Brutknospen oder in Büscheln inserierten Bruchblättern. Vorzüglich auf Rohhumus und morschem Holz in Wäldern und Heiden. .... **Campylopus**

62. Mit gelbgrünen, unten aufgeblasenen Brutblättern. Typisches Heidemoos. .... **Campylopus pyriformis**

62*. Gipfelständige Brutblattbüschel hat die meist Silikatfels besiedelnde, seltenere .... **Campylopus fragilis**.

62**. Spreizende Brutsprösschen zeichnen das kleine und seltene *Campylopus subulatus* aus, das man am ehesten auf steinigen Wegen Westdeutschlands findet. Das häufige **Campylopus flexuosus** entwickelt hingegen schlanke Brutsprösssschen.

61*. Nur mit (vom unteren Stängel abfallenden) Brutblättern, sonst einem *Campylopus* sehr ähnlich. Kein Bodenmoos und ohne Wurzelfilz. Vor allem im Gebirge und vorzüglich auf morschem Holz feuchter Lagen. .... **Dicranodontium denudatum**

61**. Nie in schwarzgrünen, dichten Rasen. Selten mit Brutsprösschen. Auch an Gestein (und Borke).

63. Grüne, trocken graugrüne Polster. Blätter kaum verbogen, einseitswendig, in eine borstliche Spitze auslaufend. *Dicranum scoparium* sehr ähnelnd, jedoch u. a. auch mit schmaleren Blättern. Auf Felsblöcken und Borke im Silikatgebirge ziemlich verbreitet. Trockenresistent. .... **Paraleucobryum longifolium**

63*. Pflanzen trocken in weißlich-grünen, oft über 5 cm tiefen und über 10 cm breiten Polstern oder flachen Polsterrasen. Blätter nicht durchscheinend, vorn kahnförmig, linealisch verjüngt, meist gerade, vorwiegend aus der Rippe bestehend. Kalkmeidend. Feuchtigkeitsliebende Moose, meist auf Rohhumus, am Boden oder auf feuchtem Silikatgestein in Wäldern. .... **Leucobryum**

60*. Blätter mit dünner Rippe (mit weniger als 1/3 der Blattbreite).

64. Polster oder Polsterrasen, 1 – 5 cm hoch. (64* nach 68**)

65. Niedrige bis üppige Bestände von (1 –) 2 – 5 cm Höhe, mit bis um 5 mm langen, trocken ± krausen Blättern. Auf Gestein oder Erde. (65* nach 67**)

66. Hell mattgrüne bis bläulichgrüne, schwer benetzbare Polster mit flachen, linealischen, zugespitzten Blättern. An kalkfreiem Silikatgestein (seltener auf Erde) in Wäldern (z. T. noch in der alpinen Stufe). In der Ebene selten. .... **Bartramia**

66*. Bestände hell- oder dunkelgrün. In den Kalkgebirgen oft verbreitet.

67. Habituell sehr ähnlich, aber dunkelgrün und glänzend. Kalkgebirgsmoos, besonders der Alpen. .... **Plagiopus oederianus**

67*. Hellgrüne (selten etwas bräunliche) Polster und Polsterrasen. Blätter um 3 – 5 mm, lanzettlich bis lineal-lanzettlich und fein zugespitzt, mit wasserhellem Grund. Blätter bei *Tortella tortuosa* querwellig, sonst glatt. Auf kalkhaltigem Gestein oder Erde im Gebirge. In der Ebene fast nur verschleppt. .... **Tortella**

67**. Ähnlich der vorigen, aber lockere, leicht zerfallende Rasen aus 1 – 2 cm langen, gelb- bis graugrünen Stängeln. Blätter feucht sternförmig abstehend, nie wellig (mikroskopisch durch gezähnte Blattspitze unterschieden). Basiphytisch. In lückigen Trockenrasen. Südliche Art der Hügelstufe der Stromtäler. .... **Pleurochaete squarrosa** (Vgl. auch das basiphytische, brüchig flachblättrige Silikatgebirgsmoos *Oxystegus*.)

65*. Polster u. Ä. kleiner und niedriger, meist um 1 – 2 cm tief. Blätter nur bis um 3 mm lang, trocken anliegend oder kraus, dunkel-, seltener auch gelbgrün. Meist an luftfeuchten bzw. nebelreichen, aber zeitweise trockeneren Standorten, an Fels sowie auch an Borke.

68. An Borke, seltener auch Gestein. Blätter feucht meist dunkelgrün, gerade, trocken

(meist) straff anliegend, zuweilen stumpflich. .... **Orthotrichum**

68*. Wie vor, aber Stängel (gelb)grün, kaum 3 mm hoch, Polster auch tiefer. Blätter etwas gebogen, immer spitz (und mit länglichen Brutkörpern). .... **Zygodon**

68**. Ähnlich *Orthotrichum*, aber Blätter trocken kraus, ± glänzend. Fast nur an Waldgehölzen mit glatter Borke. (*Ulota hutchinsiae* ist ein seltenes Gesteinsmoos mit trocken anliegenden Blättern.) .... **Ulota**

64*. Meist ziemlich niedrige, oft weniger als 5 mm hohe, seltener bis 2 cm tiefe Polsterrasen- oder Kurzrasen-Moose auf unterschiedlichen Substraten.

69. Kalkmeidende Arten.

70. Pflanzen frisch und trocken glänzend, Blätter um 2 mm lang, lanzettlich, mit umgebogenem Rand (glatt, Zellen dünnwandig). Rasen grün oder – an sonnigen Plätzen – auch rotbraun. Trocken verbogen bis kraus. .... **Ceratodon purpureus**

70*. Pflanzen nie glänzend, matt hellgrün bis braungrün, meist mit gestielten Brutköpfchen. Blätter lanzettlich, trocken anliegend (meist papillös). Auf morschem Holz, seltener auf Erde und kalkfreiem Gestein. .... **Aulacomnium androgynum**

69*. Mindest kalkholde Moose.

71. Hellgrüne, bis über 1 cm tiefe Polsterrasen (mit zitronenförmigen Brutkörpern) an nassem Kalkgestein der höheren Gebirge. .... **Barbula crocea**

71*. Auf trockenen Substraten, z. T. bis in die Ebene.

72. Ein bis über 2 cm tiefe, oft etwas bläulich-hellgrüne, dichte Rasen (meist nicht auf Erde), mit innen rot verfärbten, alten Blättern. Meist an schattigen Mauern und Kalkgestein, aber auch z. B. an Auwald-Borke. . ... **Bryoerythrophyllum**

72*. Kleine Erdmoose in hell- oder gelbgrünen Rasen oder Polsterrasen. Besonders an Wegen, Böschungen und in Trockenrasen, aber auch an kalkhaltigem Gestein (z. T. auch an Borke). Blätter feucht abstehend, trocken straff anliegend bis gedreht oder etwas kraus. .... **Barbula** agg. (Wenn die Blätter schmal-dreieckig, spitz und am Rand umgerollt vgl. **Pseudocrossidium**)

72**. Gewöhnlich dunkel- oder bräunlichgrün. Blätter feucht oft ± gekrümmt (bis zurückgebogen), trocken anliegend, verbogen bis kraus. .... **Didymodon** (*Didymodon tophaceus* wächst auch auf feuchter Erde oder Kalktuff.)

51*. Blätter meist gebogen bis stark einseitswenig.

73. Blätter aus lanzettlichem Grund borstlich bis lineal zugespitzt, mit einer meist nur bis ein Drittel der Blattbreite einnehmenden Rippe. (73* nach 74*)

74. Niedrige, bis um 1 cm hohe Rasen oder Herden auf dem Boden. *Dicranella heteromalla* auch auf morschem Holz oder Fels. Blätter um 3 mm lang oder kürzer, kaum länger als 1:3. **Dicranella** (Nur *Dicranella palustris* wächst in (kalkfreien) Sümpfen und ist eine viel üppigere Art.). (74* nach 75*) (Habituell ähnlich *Dicranella heteromalla*, aber Blätter zweizeilig: siehe beim Kalkmoos **Distichium**.)

75. Blätter schwach bis deutlich einseitswendig, trocken nicht kraus, z. T. im ganzen oberen Teil gezähnt, ca. 3 – 5 mm lang. Die dichten Rasen meist nicht über 5 mm hoch. (75* nach 77*)

76. Blätter scheidig und auch an trockeneren und schattigen Plätzen, auf Rohhumus kalkfreier Erde wächst häufig **Dicranella heteromalla**.
(In den höheren Mittelgebirgen und Alpen ist die steril kaum zu unterscheidende *D. subulata* verbreitet).

76*. Blätter nicht scheidig.

77. Kurzlebige, braungrüne Pionier-Moose. Blätter oft nur schwach einseitswendig, unter 1 mm lang. Moose trockenerer bis feuchter Standorte. Pflanzen in oft kaum 1 cm hohen Rasen oder ± lockeren Herden, braun- oder dunkelgrün. Ziemlich häufig. Nicht seltene Besiedler offenerdiger, heller,

grundfeuchter, lehmiger bis toniger Plätze. **Dicranella varia** (früher *Anisothecium*) und Verwandte.

78. Blätter lineal-lanzettlich, nur Spitze gezähnt. Auf feuchter, nährstoffreicherer Erde. Oft mit rotem Stängel, öfter mit Sporogonen. Kalkhold ist **Dicranella varia** sowie kalkmeidend **Dicranella rufescens**
(Steril ähnlich, aber Blätter relativ kurz, ab der Mitte gezähnt. Nässezeiger. **Pseudephemerum**.)

78*. Blätter borstlich auslaufend. Steril habituell *Dicranella heteromalla* ähnlich, aber meist schon mit den basal erweiterten Hüllblättern. Kalkmeidend. Besiedler feuchterer Erdblößen, auch Torf. .... **Pleuridium**

77*. Meist langlebige, dunkelgrüne, kräftigere Moose mit borstlichen, (1 –) 2 mm langen höchstens an der Spitze gezähnelten Blättern, auf kalkarmen Böden. .... **Ditrichum**
(Wenn mit ± geschlängeltem Stängel und auf Kalksubstraten, besonders im Bergland: **Ditrichum flexicaule**

75*. Blätter nur schräg aufrecht, fast immer steril. Auf Äckern, ruderalen Flächen und Gewässerufern verbreitet ist die bodenvage **Dicranella staphylina**.

74*. Wuchs ähnlich *Dicranella*, aber gewöhnlich viel größer, über 2 cm groß, Blätter oft bis 5 mm lang. Rippe nur ausnahmsweise (so bei *Dicranum fulvum*) 1/3 der Blattbreite erreichend. Blätter aus elliptisch-lanzettlichem Grund in eine borstliche bis linealische Spitze auslaufend. Trocken unverformt bis kraus. Außer *Dicranum muhlenbeckii* kalkmeidend. Oft auf Rohhumus sowie auf Erde über und an Fels, an Borke usf. **Dicranum**
(Immer borstlich verjüngte Blätter haben die nicht glänzenden, trocken krausen *Dicranum flagellare, Dicranum montanum* und *Dicranum viride*.)

73*. Blätter lanzettlich, selten unter 1 mm, oft aber deutlich länger. Moose dauerfeuchter bis sumpfiger Standorte.

79. Häufig mit rotem Stängel. Pflanzen matt hell- oder bläulichgrün, 0,5 bis um 5 cm hoch. Blätter höchstens 3 mm lang. Unterhalb der „Blüten"stände oft mehrere wirtelig angeordnete, ± spreizende, kurze Seitentriebe. Meist kalkmeidend (nur *Philonotis calcarea* ist kalkhold). .... **Philonotis**

79*. Blätter um 5 mm lang, glänzend. Pflanzen meist über 2 cm hoch. .... **Dicranum bonjeanii**

50*. Blätter feucht oder mindestens trocken anliegend.

80. Blätter auch feucht angedrückt anliegend. Stängel wurmförmig, 1 – 2 mm dick. Ohne Glashaar.

81. Stängel silbrig-grün. Blätter breit eiförmig.

82. An feuchtem Gestein höherer Gebirge. Kalkstet ist **Plagiobryum zierii**, das ähnliche **Anomobryum** jedoch kalkmeidend (und auch auf Erde).

82*. Ein häufiges, nährstoffliebendes Ruderalmoos auf Erde und Gestein, selbst in Pflasterritzen, ist .... **Bryum argenteum**

81*. Stängel dunkelgrün. Moose offenerdiger Standorte. Mit eiförmig-lanzettlichen Blättern: **Bryum bicolor**. Neben wurmförmigen Trieben meist auch mit normalen, elliptisch-lanzettlichen Blättern: vgl. **Ditrichum** und **Pohlia**.

80*. Blätter nur trocken anliegend, verbogen oder selten auch gedreht. Moose mit Glashaar oder in eine längere Haarspitze endend (vgl. auch 52).

83. Hellgrüne kalkholde, herdenbildende Erdmoose mit kaum über 3 mm breiten Rosetten. Rippe oberseits mit Lamellen......... .... **Pterygoneurum**

83*. Polster- oder Polsterrasenmoose.

84. Pflanzen trocken matt, im Schatten z. T. ohne Glashaar, grau- bis schwarzgrün. Blätter mit Rippe, ± flach. In Polstern oder dem Substrat anliegenden Decken. Lichtliebende Moose an trockenen, fast immer kalkfreien Standorten auf Gestein, nur die Sippen von *Racomitrium canescens* agg. wachsen meist auf Erde. (Arten an nassem Gestein und feuchtschattigen Stellen sind immer dunkel- bis schwarzgrün und haben stumpfliche Blätter ohne Glashaar.) Fast alle *Racomitri-*

um-Arten sind nur mikroskopisch sicher zu unterscheiden. .... **Racomitrium**

84*. Moose in grünen bis schwärzlichen Polstern oder Polsterrasen. Blätter 2 – 3 mm lang. Fast ausschließlich auf Gestein.

85. Blätter lanzettlich, allmählich in ein ± kurzes Glashaar auslaufend (an Schatten- und Feuchtstandorten oft fehlend). Pflanzen mit trocken straff anliegenden Blättern. Meist kalkhold. Keine Polster bildend. .... **Schistidium**

85*. Dichte Polster (seltener auch Polsterrasen) auf Silikat- und Kalkgestein. (Nur *Grimmia pulvinata* kann im Kalkgebirge ausnahmsweise auch an Borke wachsen.) .... **Grimmia**

59*. Blätter (breitlanzettlich) elliptisch-lanzettlich bis fast kreisförmig, ± rosettig angeordnet.

86. Blätter durchscheinend, z. T. gesäumt (vgl. aber auch **Tortula**). Feuchtigkeitsliebende Arten. (86* nach 90*)

87. Blätter (2) bis über 3 mm lang. Rosetten über 0,5, meist über 1 cm breit. Immer langlebige Moose und Blätter nie in ein Haar auslaufend. Meist in Wäldern und Wiesen, auch in Sümpfen.

88. Blätter spatelförmig, breit zugespitzt, gezähnt und ungesäumt. Die 1 – 2 cm breiten, gestielten Rosetten oft in größeren Rasen. Nährstoffliebendes Moos feuchterer, meist schattiger Standorte. .... **Rhodobryum**

88*. Blätter breitlanzettlich bis elliptisch, gesäumt, Pflanze meist um 1, selten bis 2 cm breit (nur die Stängel mit den männlichen Geschlechtsorganen als Rosette endend). Vgl. **Mnium** und **Plagiomnium**. (gezähnt) sowie **Rhizomnium** (ganzrandig).

87*. Pflanzen und Blätter meist kleiner. Rosetten kaum über 0,5 cm breit. Blätter öfter ohne Saum. Meist nährstoffliebende, oft kurzlebige und ± ruderale Arten.

89. Moose mit breitlanzettlichen bis eiförmigen oder spatelförmigen, zugespitzten, z. T. haarförmig verlängerten Blättern. Rosetten oft knospig, ältere Pflanzen auch ± gestielt. Blätter oft ± deutlich gesäumt. Oft ausdauernd und auch an weniger feuchten (selten nassen) Standorten. .... **Bryum** (*Pohlia*-Arten können als Jungpflanzen rosettig sein, haben aber relativ längere, nie gesäumte und nie in ein Haar auslaufende Blätter.)

89*. Immer kurzlebige Arten, stickstoff- und mineralreicher Standorte.

90. Blätter ± spatelförmig, kaum über 2 mm lang, aber sonst ähnlich wie vorige, höchstens mit kurzer haarförmiger Spitze. Falls mit Saum, ist dieser mit der Lupe nicht sichtbar. Rosetten nie gestielt. Kurzlebige Tiefland-Arten auf längerfristig feuchten, offenerdigen Standorten: **Funariaceae** (Vgl. **Funaria hygrometrica**, **Entosthodon fascicularis** und **Physcomitrium pyriforme.**)

90*. Auf verrottetem Dung (auch Tierleichen) an oft vernässten Standorten (jetzt in der Ebene ± fehlend). Blätter oft größer. **Splachnum** (und verwandte Splachnaceen)

86*. Blätter kleinzellig, dadurch fast immer undurchsichtig, stattdessen trübgrün, nie in ein Haar auslaufend. Selten (außer bei **Cinclidotus** und **Tortula**) ohne deutlichen Saum. Rippen ± dünn (außer bei *Tortula atrovirens* und z. T. bei *Aloina*.).

91. Fast immer kalkholde Arten. Blätter spitz bis stumpflich, z. T. mit kurz austretender Rippe. Erdbodenmoose. (91* nach 96*)

92. Meist in Herden. Kleinzellige, meist trockenresistente, niedrige akrokarpe Moose mit höchstens 3 mm breiten Rosetten.

93. Blattrand breit eingebogen, Blätter stumpflich, trocken eingekrümmt. Rosetten *Aloe*-artig, ± glänzend: vgl. **Aloina**.

93*. Blattrand meist flach oder ± weit herauf umgebogen bis umgerollt. Rippe kurz (stachelspitzig) austretend. Andere Pottiaceen, wie **Pottia**, **Barbula unguiculata** und **Phascum**. Vgl. auch **Tortula**, diese aber oft mit Glashaar.

92*. Oft in dichten Polstern oder Polsterrasen mit trocken ± gedrehten Blättern.

94. Blätter meist um 3 mm (seltener länger). Blätter breitlanzettlich oder zungenförmig, oben eiförmig bis abgerundet. Vorwiegend

in niedrigen, meist über 3 bis 5 mm breiten Rosetten. Blätter gewöhnlich mit deutlicher, wasserheller Basis. Meist auf Gestein oder Borke.

95. Blätter ± flachrandig, 3 – 4 mm, breit zugespitzt (z. T. mit stachelspitzig austretender Rippe), oft etwas wellig und trocken graugrün. Gesteinsmoose. (Nur *Encalypta ciliata* ist kalkmeidend.) .... **Encalypta**

95*. Blätter zumindest unten meist mit deutlich umgebogenem Rand, Blätter trocken gedreht, um 3 mm lang. Stängel nackt. Polster oder Polsterrasen. Meist auf Gestein und Borke. Vgl. **Syntrichia**, z. B. Blätter 3 – 5 mm, frisch gelb- bis hellgrün, trocken blaugrün. Rippe nicht austretend. An Borke oder Gestein, meist in Fließwassernähe. Vor allem in Tieflagen. .... **Syntrichia latifolia**

94*. Blätter mit kurz austretender Rippe. Vorzüglich auf Gestein oder auch Erde. Frisch grün. Oft kleiner und niedriger, **Tortula**

96. Blätter etwa 2 – 3 mm, Blattrand undeutlich gesäumt. An schattigen Mauern und Kalkgestein. Nicht selten (mit *Barbula unguiculata* vergleichen). .... **Tortula muralis** var. **aestiva**

96*. Blätter oft um 5 mm, mit ± lanzettlicher Spitze und gesäumt (mit Lupe kaum sichtbar). An Waldböschungen, vor allem auf Erde, seltener über Gestein. .... **Tortula subulata**

91*. Polster und Polsterrasen. Stängel meist viel kürzer, Blätter trocken nicht gedreht und nie weißlichgrün (vgl. aber *Bryum argenteum*). Oft kalkmeidend.

97. Dunkel- bis schwärzlichgrüne, seltener bräunliche, (0,5 –) 1 – 2 cm hohe Gesteinsmoose. Blätter trocken fast immer (s. aber 104*) straff anliegend. (97* nach 103*)

98. An zumindest zeitweise nassen Standorten.

99. Fast nur im Uferbereich von Fließgewässern.

100. Kalkmeidend und ohne mit der Lupe erkennbarem Saum, Blätter breitlanzettlich, trocken ± straff anliegend. Vgl. **Orthotrichum cupulatum** var. **riparium**, **Racomitrium aciculare** oder **Schistidium rivulare**.

100*. Kalkhold, mit deutlichem, wulstigem Saum, Blätter breitlanzettlich bis zungenförmig, anliegend (nur bei *Cinclidotus fontinaloides* verbogen). .... **Cinclidotus**

99*. Auf meist überrieseltem Kalktuff. Hell- bis bläulichgrüne Polster mit starren, lineal-lanzettlichen, lang zugespitzten Blättern. Vor allem im Kalkgebirge und dort nicht selten. (Mikroskopisch mit wasserheller Basis und Zähnchen an deren Ansatz.) .... **Eucladium verticillatum** (Oft mit *Didymodon tophaceus*: in bräunlich oder dunkelgrünen Polstern.)

98*. Auf trockenem, oft kalkfreiem Gestein.

101. Moose absolut kalkmeidend. Trocken straff anliegend.

102. Rotbraune bis schwärzliche Polster. Blätter kaum 1 mm, ± lanzettlich bis breit lanzettlich, mit oder ohne Rippe (so die häufigere **Andreaea rupestris**). An kalkfreiem, meist sonnigem Gestein, fast nur im Gebirge, vor allem in den Alpen. .... **Andreaea**

102*. Blätter ± lanzettlich, etwas länger. (Oft mit Glasspitzchen: Lupe!)

103. Dunkelgrün oder schwärzlich und auch in Tieflagen. Kaum ruderal. Schattenformen von **Racomitrium heterostichum** agg.

103*. Auch heller grün. Oft auf Mauern. .... **Schistidium apocarpum**

97*. An Borke und Gestein.... **Orthotrichum**

101*. Moose mindestens z. T. kalkhold.

104. Nie schwarzgrün. Häufig grüne bis dunkelgrüne Polster und Polsterrrasen von 0,5 bis über 3 cm Tiefe. Blätter meist 1 – 3 mm lang, ganzrandig, trocken verbogen bis selten auch kraus, lineal-lanzettlich. Auf verschiedenen Substraten, aber kaum auf Erde. Häufig kalkmeidende Gesteinsmoose.

105. In offenen, trockenen Silikatgesteins-Blockhalden Süddeutschlands und der Südalpen. Inzwischen meist selten (Blätter mikroskopisch mit hyalinem Randzellband an der Basis). .... **Ulota hutchinsiae**

105*. Mehr oder weniger hellgrün, an Borke und zuweilen auch auf Kalkgestein und Mauern. Zerstreut. .... **Zygodon** und .... **Orthotrichum obtusifolium**

104*. Blätter trocken kraus, glatt oder mamillös (nur mikroskopisch und mit Kapsel sicher zu bestimmen: s. dort). Silikatgesteinsmoose.

106. Blätter mamillös, Blattspitze gezähnelt. An trockenerem bis schattig-feuchtem Gestein der Silikat-Mittelgebirge und Alpen. In der Ebene sehr selten (wenn Blätter abstehend, fast glatt und kaum 2 mm lang, vgl. **Amphidium**). .... **Cynodontium**

106*. Mit etwas kürzeren Blättern (und sonst nur durch die glatten Kapseln) unterschieden. Jedoch nur auf sonnig-trockenem Fels der wärmeren Lagen der Hügelstufe Westdeutschlands und dort oft ziemlich verbreitet. .... **Cynodontium bruntonii** (Habituell sind auch kleinere, schrumpfblättrige, schwach glänzende **Dicranum**-Arten, wie z. B. **Dicranum montanum** und **Dicranoweisia** ähnlich. Diese kommen jedoch auch an morschem Holz und in der Ebene vor.)

106**. Trocken schwach glänzende Borkenmoose. Pflanzen grün oder hellgrün (seltener bräunlich). Ein bis selten über 3 cm breite und tiefe Pölsterchen an Waldbäumen feuchterer Lagen, vor allem im Mittelgebirge....... **Ulota bruchii** und **Ulota crispa** (weitere Arten sind sehr selten)

B. Für niederliegende (pleurokarpe) Laubmoose

1. Pflanzen 3-zeilig beblättert. Kräftige Wassermoose von oft 10 cm (bis um 1 m) Länge. Verzweigt, niederliegend (am Ufer) oder flutend. Blätter ohne Rippe, dem Stängel anliegend, mit gekieltem (oder abgerundetem) Rücken. .... **Fontinalis**

1*. Vielzeilig beblättert

2. Stängel und Zweige ± stark und deutlich abgeflacht bzw. zusammengedrückt, glänzend. Meist glänzend und trocken nicht schrumpfend (2* nach 17**).

3. Stängel niedergedrückt, mit ± abwärts gebogenen Blattspitzen. Rippenlos.

4. Zierliche bis kräftige Moose. Pflanzen glänzend. Nie mit Brutsprossen. Auf verschiedensten Substraten............. **Hypnum**

4*. Pflanzen dem Substrat angedrückt, ähnlich, aber immer bräunlich, fast geradblättrig. Zweige um 1 mm breit, meist mit den aufrechten Brutsprossen. Kalkmeidend. An morschem Holz und saurer Borke (selten an Silikatgestein). Verbreitet. .... **Platygyrium repens**

3*. Blätter gerade. Schatten- und oft Feuchtmoose. Stängel und Zweige stark abgeplattet. Oberflächlich betrachtet zweizeilig erscheinend (3** nach 16**).

5. Blätter oft nur schwach, aber deutlich gerippt. Kalkhold.

6. Zweige und Stängel abgeplattet, in ± angedrückten Rasen oder Decken. Blätter mit Rippe. Kräftigeres Moos mit filzigem Stängel und gespitzten, gewellten Blättern. Seltenes Mittelgebirgsmoos meist schattiger Felsen. Blätter gerippt, ± fiederig verzweigt. Zweige meist 2 – 5 cm lang. ... **Neckera menziesii**

6*. Stängel glatt.

7. Zweige ganz abgeplattet, aber dachrinnenförmig, etwa scharfkantig. Gesteins- und Borkenmoose. Pflanzen 1 – 2 cm lang, etwa 3 mm breit, in flachen, glänzenden Decken. Blätter 4-zeilig angeordnet, zungenförmig, oben abgerundet, aber kurz bespitzt. Zellnetz undeutlich. Waldmoos feuchterer Lagen. Besonders an Baumbasen entlang von Fließgewässern wie auch an Gestein. Ziemlich verbreitet. . **Homalia trichomanoides**

7*. Bäumchenrasen. (2 –) 3 bis über 5 cm hohe, in einer Ebene verzweigte (Etagen bildende), braungrüne „Bäumchenkronen" auf 1 – 5 cm langen, schwärzlichen, beschuppten Stielen. Blätter nicht abgerundet, oben gezähnt. An Ufergestein und anderen sehr luftfeuchten Standorten in Wäldern.................. .... **Thamnobryum alopecurum**

5*. Rippenlos oder Rippe nur kurz-gabelig. Nie bäumchenförmig, meist als ± dichte, dem Substrat angedrückte, vielzeilige Deckenmoose. Mit oder ohne besondere Brutorgane.

8. Vorwiegend kräftigere Moose. Blätter (1 –) 2 bis ca. 5 mm lang. Auf basen- oder kalkreichem Gestein oder Borke. (8* nach 9*)

9. Stängel deutlich gefiedert. An länger trockenen, aber genügend luftfeuchten Plätzen. (9* nach 12*)
10. Blätter spitz oder stumpflich, nie abgerundet.
11. Gewöhnlich 3, aber oft bis 10 cm große und dann ± fiederige Pflanzen, mit 2 – 4 mm breiten Zweigen. Mit gespitzten, glatten oder gewellten Blättern. Nie direkt an Ufergestein. In der Ebene selten. .... **Alleniella complanata** etc.
11*. Kräftiges, um 5 cm langes, verzweigtes, dunkelgrünes, an *Hypnum cupressiforme* erinnerndes, aber bereits durch ± gerade Blätter und den Standort unterschiedenes Moos. Auf Kalk und basenreichem Gestein feuchter Blockhalden, besonders im Kalkgebirge (selten auf feuchtem Beton). Verbreitet auf der Alb und in den Südalpen, aber in Mittel- und Westdeutschland sehr selten. .... **Entodon schleicheri**
10*. Blätter abgerundet und 2 – 3 mm lang.
12. Stängel auch trocken ganz abgeplattet. Oft mit fädlichen Brutsprossen (wie sie auch die bespitzt-blättrige *A. complanata* entwickelt). An schattig-trockenen Felsen und in luftfeuchter Lage auch an Borke. Selten im östlichen Deutschland. Ziemlich häufig südlich der Alpen, so in Südtirol. .... **Alleniella besseri**
12*. Stängel trocken schneckenförmig eingerollt und (nur) dann ein sehr charakteristisches Moos. Eine atlantisch-mediterrane Art, die nach Norden bis zu den Niederlanden und Großbritannien sowie bis in die Südalpen vorkommt. Standorte wie bei voriger. .... **Leptodon**
9*. Stängel nicht gefiedert, feuchteliebend. Auf nasser Erde oder überrieseltem, erdigem Fels. Ähnlich *Homalia*, aber kräftiger, Blätter abgerundet und Zweige über 5 mm breit und Zellnetz locker, durchscheinend (Lupe!). Basiphytisch. An schattigen Plätzen, fast nur im Gebirge. In der Ebene sehr selten. .... **Hookeria lucens**
8*. Pflanzen anders, oft nur aus Seitenzweigen bestehend (nie fiederig). Blätter ± spitz zulaufend, Rippe höchstens schwach entwickelt. **Plagiothecium** s. l.
13. Die den kriechenden Stängeln entspringenden Zweige nur 5 – 10 (bis um 20 mm) lang.
14. Die glänzenden, frisch- bis hellgrünen, platt abgeflachten Zweige in kleinen Decken, feucht nach Gurken riechend. Meist an Gestein, kalkhold. (Blätter breit gespitzt, an der Spitze gezähnt, kurzzellig.) Fehlt in Norddeutschland. ...... **Taxiphyllum wissgrillii**
14*. Wie vorige, aber ohne Gurkengeruch und immer kalkmeidend. (Blattspitze langzellig.)
15. Mit allmählich verjüngten Blättern. Fast immer in den Blattachseln mit zahlreichen, stabförmigen Brutsprösschen, zuweilen ganz davon bedeckt (fo. *nana*) (Blätter oben fein gezähnt). Charakterart nährstoffarmer, länger trockener Waldböschungen. Oft häufig. .... **Pseudotaxiphyllum elegans** (=Isopterygium el.)
15*. Weder mit auffälligen Brutsprösschen, noch mit Gurkengeruch. Sonst ähnlich, aber Zweige kaum 10 mm lang (Blätter ganzrandig, mit wenigzelligen Brutkörpern). Auf morschem Holz und an Baumbasen feuchter Lagen, besonders in Erlenbrüchen. Vor allem in der Ebene Nord- und Westdeutschlands, sonst selten oder fehlend.............................. **Plagiothecium latebricolum**
13*. Meist viel kräftiger und die Zweige gewöhnlich über 1 cm lang. Blätter oft asymmetrisch, herablaufend, ± ganzrandig. Rippe öfter kurz, gabelig. Zuweilen mit einzellreihigen Brutfäden. Kalkmeidend. Vorwiegend auf Waldboden, besonders auf Rohhumus sowie auch an Baumbasen und morschem Holz. .... **Plagiothecium**
16. Blätter wellig, Pflanzen hellgrün, Zweige 2 – 3 (– 5) cm lang, in oft ausgedehnten Decken. Auf Rohhumus, vor allem in Nadelwäldern und -forsten (verschleppt). Ziemlich verbreitet. Im Silikatgebirge oft häufig. .... **Plagiothecium undulatum**
16*. Ähnlich, aber kleiner und zudem ein Sumpfmoos nährstoffreicherer Standorte ist **Plagiothecium denticulatum** var. **undulatum** (= P. ruthei)

16**. Blätter glatt und Zweige meist nur um 1 cm lang, auch trocken kaum verbogen. Kalkmeidende, ziemlich verbreitete (nur mikroskopisch sicher zu bestimmende) Wald- und Gebüschmoose. Ziemlich häufig mit (geneigter) Kapsel sind **Plagiothecium denticulatum** und **Plagiothecium laetum** var. **secundum**. Oder Kapsel aufrecht bei **Plagiothecium laetum** und **Plagiothecium cavifolium**. Letztere mit hohlen Blättern, Stängel kaum abgeflacht. Eine basiphytische Art (auch auf Humus über Kalk).

3**. Zweige nur ± zusammengedrückt, nie „dachrinnenförmig". Moose ohne erkennbare Brutorgane. Blätter symmetrisch, nie kurz bespitzt. Formenreich. Blattrippe bis über die Mitte. Nie bäumchenförmig. Öfter an Ufer- und Bachgestein. Nährstoffliebend.

17. Blätter ganzrandig, schmal-lanzettlich, allmählich zugespitzt, zuweilen 2-zeilig erscheinend. Zweige meist nur bis 2 cm lang. An feuchtem bis nassem Gestein und morschem Holz, auch außerhalb der Gewässer. Vor allem in der Ebene. .... **Leptodictyum riparium**

17*. Blätter oben gezähnt, elliptisch-breitlanzettlich, breit zugespitzt. Pflanzen unregelmäßig verzweigt, noch kräftiger, mindestens mehrere cm lang, wenn submers im Wasser oft über 20 cm große Moose. Stängel wenig abgeflacht (bei fo. *atlantica* sogar zylindrisch). Kalkholdes Ufer- und Fließgewässermoos, vor allem im Gebirge. Auch an überrieseltem Fels (Tuffbildner). In der Ebene oft selten. .... **Platyhypnidium riparioides**

17**. Vgl. z. B. auch **Plagiothecium cavifolium** und **Rhynchostegium**

2*. Beblätterung der Zweige und Stängel nicht abgeflacht, rundum abstehend oder deutlich einseitswendig oder auch anliegend beblättert.

18. Mit gut erkennbaren Brutorganen (wenn Zweige abgeplattet s. oben, 4* & 15).

19. Alle Zweige dem Substrat ± anliegend, abgeflacht. Pflanzen hellgrün, glänzend. Blätter 1 – 2 mm lang. Kalkmeidend. Die Decken auf offenen Waldböden. .... Vgl. **Pseudotaxiphyllum elegans**

19*. Pflanzen oft bräunlich bis schwärzlichgrün, mit 2 – 3 mm hohen, durch Brutblätter struppigen, aufrechten Brutästen. Blätter trocken ± anliegend, feucht schräg abstehend, wenig einseitswendig.

20. Zierliches, unregelmäßig verzweigtes, nicht glänzendes Moos. Blätter gerade, mit Rippe. In dichten Decken an Borke und Kalkgestein der Gebirge. In der Ebene heute fehlend... .... **Pseudoleskeella nervosa**

20*. Trocken aufwärts gekrümmte, bis 3 cm lange Zweige. In lockeren Rasen an Borke freistehender Laubbäume und kalk- sowie basenreichem Gestein. Blätter längsfaltig, ohne Rippe. Öfter mit kurzen, struppigen Brutzweigen. .... **Leucodon sciuroides**

18*. Gewöhnlich ohne Brutorgane.

21. Blätter ± abstehend (21* nach 39**).

22. Zumindest die Stängelblätter feucht und trocken sparrig abstehend (22* nach 26*).

23. Alle Blätter (auch trocken) abstehend.

24. Blätter ± dreieckig und lang zugespitzt, ganz oder fast ganzrandig, mit oder ohne Rippe. Erdmoose, seltener auf Gestein. Kalkhold. .... **Campylium**

25. Zierliche, feucht kaum 1 mm breite Zweige und etwa 1 mm lange Blätter. **Campylidium calcareum** und das Alpenmoos **Campylium halleri**
(Ähnlich der ersteren ist feuchtes **Ambystegium serpens** var. **juratzkanum**, aber mit mehr gezähnten, lanzettlichen Blättern. Seitenastloses **Eurhynchium praelongum** wird durch gezähnte Stängelblätter unterschieden; beide haben Blätter mit Rippe.)

25*. Kräftiger entwickelt (Blätter bis 1,5 mm) ist das Trockenrasenmoos **Campylium chrysophyllum** und noch größer die Varietäten des Feuchtmooses **Campylium stellatum** (Blätter um 2 mm).

24*. Kräftigere, oft ausgedehnte Rasen oder deckenbildende Moose mit aufrechten, dichtrasig stehenden, bis über 10 cm hohen Ästen oder auch liegenden und dann unregelmäßig fiederigen, bis über 20 cm langen

Zweigen. Rippe fehlend. Auf Erde, Humus oder über Gestein. ...... **Rhytidiadelphus**

23*. Nur die Stängelblätter ± sparrig abstehend. Niederliegende, 2 – 5 cm lange, ± regelmäßig einfach gefiederte Astmoose.

26. Stängelblätter um 1 mm, glatt, mit Rippe. Auf feuchterer Erde (oder Gestein) verbreitet (eine ähnliche Gebirgsart ist *Brachythecium starkei*). . **Eurhynchium praelongum**

26*. Kräftige, habituell *Eurhynchium striatum* ähnliches, fast nur im Bergland vorkommendes Moos mit tieffaltigen, aber rippenlosen Blättern. .... **Hylocomium brevirostre**

22*. Blätter feucht ± schräg aufwärts abstehend (bis horizontal) oder auch abwärts gebogen (falkat).

27. Blätter aufrecht abstehend (27* nach 31*).

28. Bäumchenrasen bildende Moose mit gerippten, breit zugespitzten Blättern, kräftige Waldbodenpflanzen mit länglich- bis breit dreieckigen Blättern. .... **Eurhynchium striatum** agg. (Bäumchenrasen bilden auch andere **Eurhynchium**- sowie **Isothecium**-Arten)

28*. Unregelmäßig verzweigte, z. T. nur undeutlich beastete, deckenbildende Moose. (28** nach 29**)

29. Ohne Rippe. Pflanzen gerötet, glänzend. Im höheren Mittelgebirge und Kalkalpen, sonst sehr selten.

30. Zweige gerade. Kupferrotes (selten dunkelgrünes), glänzendes, aus über 3 cm langen Zweigen zusammengesetzte Decken bildendes Moos mit lineal-lanzettlichen, um 3 mm langen, längsfaltigen Blattern (ohne Blattflügel). Auf vernässtem Kalkgestein, fast nur in den Alpen....... **Orthothecium rufescens**

30*. Viel kleiner und nur mit bis 2 mm langen, faltenlosen Blättern ist **Orthothecium intricatum**. Es kommt an feucht-schattigen Felsen zerstreut auch in den Kalkmittelgebirgen vor.

29*. Mit Rippe. Zierliche, dem Substrat angedrückte Arten mit kaum 3 cm erreichenden Stängeln. Blätter lanzettlich bis breit-lanzettlich, nicht faltig. Ziemlich häufige Arten auf Erde oder Gestein. Rasen dunkelgrün und Blätter ganz gerade (Rippe bis in die Spitze). **Brachythecium populeum** sowie Rasen heller grün und Astblätter etwas einseitswendig, mit kürzerer Rippe. .... **Brachythecium velutinum** (Weitere zierliche *Brachythecium*-Arten sind selten und haben meist dreieckige Stängelblätter.)

29**. In schmutziggrünen Decken an Ruderalplätzen, auf Wegen und Brachland. Nährstoffzeiger. Häufig.... **Eurhynchium hians** (*Eurhynchium speciosum* unterscheidet sich durch Einhäusigkeit sowie trocken durch Goldglanz. Es kommt vor allem in feuchten Auen vor. **Eurhynchium schleicheri** ist hingegen ein Kalkmoos (unterschieden durch gedrehte Astblattspitzen).)

28**. Hauptzweige regelmäßig gefiedert. Stängelblätter breiter. Pflanzen schwach glänzend.

31. Stängel 2 – 3 (– 4) cm lang, durch um 1 mm breite oder schmalere Seitenzweige gefiedert. Blätter glatt, spitz, gezähnt, mit Rippe. Stängelblätter sparrig, flach. Kalkmeidende Feucht-Moose. .... **Eurhynchium praelongum**

31*. Stängel 1 – 2 cm lang, Astblätter kleiner, stumpflich! Beim habituell z. T. etwas ähnlichen **Eurhynchiastrum pulchellum**: Ein basiphytisches Gebirgsmoos. Oft selten.

27*. Blätter einseitswendig, schwach sichelig bis kreisförmig gekrümmt.

32. Stängel undeutlich gefiedert oder unregelmäßig verzweigt. (32* nach 35**)

33. Zweige ± deutlich abgeflacht. Seitenzweige oft 2 mm breit, aber auch viel schmaler. Blätter mit ± herabgebogener Spitze. Blätter immer ohne Rippe, kaum 2 mm lang oder kleiner. Pflanze ± glänzend. Auf unterschiedlichen Substraten. .... **Hypnum**

33*. Blätter mit Rippe. Meist kräftige Moose.

34. An trockeneren Standorten. Blätter längs- und querfaltig. Blätter etwas einseitswendig, mit dünner Rippe. Meist goldbraune bis gelbgrüne, Hasenpfoten ähnliche, um 3 mm dicke, bis um 5 cm lange, oft unverzweigte Stängel. Basiphytisch, oft auch in Kalktro-

ckenrasen und Kiefernwäldern. Im Bergland verbreitet, sonst meist fehlend. Fast nie mit Kapseln. . . . . **Rhytidium rugosum**

34* Feuchtmoose, z. T. auch submers. Nur in Sümpfen, Mooren und Nasswiesen. Blätter meist über 2 mm, mit großen Blattflügeln.

35. Sumpfmoose. Blätter glatt (längsfaltige Arten selten), immer spitz und mit Rippe, gewöhnlich bis kreisförmig sichelig (bei Wasserformen aber auch gerade). Pflanzen oft glänzend. Stängel nackt. Kalkstete bis kalkmeidende Arten. . . . . **Drepanocladus** agg. . . . . (inkl. **Warnstorfia & Scorpidium** . . . . **cossonii**)

35*. Ohne Rippe. Blätter bis 3 mm lang. Seltene Kalksumpf-Art. . . **Scorpidium scorpioides**

35**. Auf kalkhaltigem, feuchtem Gestein (**Hygrohypnum luridum**) bzw. in und am Ufer von Fließgewässern und in Quellsümpfen. Blätter einseitswendig bis sichelförmig gekrümmt, eiförmig-bespitzt bis kreisförmig, oft mit stumpflicher Spitze. Gewöhnlich mit Rippe. In der Ebene meist selten. . . . . **Hygrohypnum** (Anmerkung: Kümmerformen der nachfolgenden fiederigen Moose können ebenfalls nur unregelmäßig beastet sein.)

32*. Hauptzweige als gut ausgebildete, einfache „Fiedern".

36. Moose immer mit Rippe und Paraphyllien. (36* nach 38*)

37. Blätter glatt, 1 (– 2) mm lang. Moose nasser bis sumpfiger (mindestens feuchter) Standorte. Z. T. auch submers. Nie an Borke, immer mit Rippe, Stängelblätter glatt. Pflanze glanzlos. Stängel mit Paraphyllien. Auf feuchten bis nassen, meist kalkhaltigen Substraten (auch Kalktuff). . . . . **Cratoneuron filicinum**

37*. Zumindest die Stammblätter längsfaltig.

38. Oft kräftigere Moose, trocken z. T. glänzend. Immer reichlich mit Paraphyllien. Sumpfmoose und Kalktuffbildner. . . . . **Palustriella**

38*. Kräftige, ± glänzende, *Hypnum cupressiforme* ähnliche bis sehr zierliche Moose. Blätter fast kreisförmig, meist über 3 mm lang. Meist auf morschem Holz und Borke und kalkfreiem Gestein feuchter Wälder, vor allem im Gebirge (dort auch in Sümpfen). . . . . **Sanionia uncinata**

36*. Blätter ohne oder nur mit Doppelrippe. Diese im Umriss verkehrt-eiförmig, zugespitzt. Stängel durch nur 1 mm breite oder schmalere Seitenzweige ganz dicht fiederig. Astblätter stark gekrümmt.

39. Die Fiedern meist nur um 2 cm lang, Decken und angedrückte Überzüge bildend. Im Licht gewachsen oft goldgrün. Blätter fast glatt. Auf Kalksubstrat (var. **molluscum**) oder auf nassem, mindest basischem Gestein (var. **robustum**). Der norddeutschen Ebene meist fehlend. . . . . **Ctenidium molluscum** (Zuweilen mit *Brachythecium velutinum* verwechselt).

39* Nur in den Hochalpen kommt zudem die seltene Kalkart **Ctenidium procerrimum** vor. Es sind braungrüne, glänzende, eher an ein kräftiges *Hypnum* erinnernde Decken aus bis zu 10 cm langen Fiedern. Kapseln unbekannt.

39**. Fiedern 2 bis über 5 cm lang, In dichten, hellgrünen Rasen aufrecht beieinander stehend (!). Die Blätter stark faltig. Rohhumusbesiedler. Fast nur in Nadelwäldern und auf Silikat-Blockhalden. Öfter in großen, prächtigen Beständen, hellgrün. Heimat im höheren Mittelgebirge wie in den Alpen. Sonst wohl nur verschleppt. . . . . **Ptilium crista-castrensis**

21*. Blätter feucht oder mindestens trocken wenigstens zum Teil anliegend.

40. Blätter immer, d. h. feucht und trocken dem Stängel oder den Zweigen angedrückt. (40* nach 60*)

41. Blätter lang zugespitzt (jedoch ohne Glashaarspitze), zumindest Stängelblätter mit kurzer Haarspitze.

42. Blätter ± hohl, außer *Cirriphyllum piliferum* unregelmäßig beastet. (42* nach 47*)

43. Pflanzen wenigstens trocken glänzend. Blätter mit Rippe, in ein hyalines Haar verjüngt oder mindestens langspitzig, ± hohl.

Meist über 3 cm lange, häufigere, auch kalkholde Deckenmoose (43* nach 46*).

44. Regelmäßig und dicht gefiedert. Blätter hohl, nicht faltig. Habituell *Scleropodium purum* ähnlich. ...... **Cirriphyllum piliferum**
Mehr dem folgenden ähnlich, ist das für beschattete Kalkblockhalden typische Gebirgsmoos **Cirriphyllum tommasinii**.

44*. Blätter kurz oder plötzlich, seltener allmählich zugespitzt, ± faltig und unregelmäßig beastet sind ähnlich kräftige **Brachythecium**-Arten. So z. B. das gelb- bis dunkelgrüne **Brachythecium rutabulum**, ein häufiges Ruderalmoos, aber auch an nährstoffreichen, trockeneren Plätzen in Wäldern. Ähnlich ist **Brachythecium rivulare**, oft hellgrün, unterschieden durch breit herablaufende Blätter. Auch sehr formenreich: anliegend bis fast sparrig beblättert. Meist steril! An nassen Standorten aller Art, besonders an Ufern. Nur in der Ebene seltener.
(Ebenfalls öfter findet sich *B. plumosum* an Flussufern und benachbarter Borke. Die typische Ausbildung ist an den deutlich einseitswendigen Blättern zu erkennen. Sonst ähnlich der vorigen.)

44**. Bei kleineren *Brachythecium*-Arten mit um nur 1 mm langen Blättern sind diese weder langspitzig noch faltig.

41*. Blätter, spitzlich bis abgerundet, glatt. Kräftige Moose. Äste meist um 2 mm dick.

45. Blätter stumpflich. Nur in Sümpfen. Blätter eiförmig bis länglich-eiförmig stumpflich, nicht faltig und fest angedrückt, mit dünner Rippe. Meist 3 bis über 10 cm lange, hellgrüne Astmoose. An nassen kalkfreien Standorten in Sümpfen und Mooren (außer *C. giganteum*). .... **Calliergon**
(Stumpfliche Blätter hat z. T. auch **Rhynchostegium murale**.)

45*. Habituell etwas *Brachythecium rutabulum* ähnelnd, frisch mit Gurkengeruch. Blätter eiförmig, hohl, kurz bespitzt und mit dicker Rippe. Wärmeliebende, kalkholde Art schattiger, ± feuchter Plätze in Wäldern. In der Ebene meist selten. ....
.... **Cirriphyllum crassinervium**

43*. Blätter rippenlos sowie weder fein zugespitzt, noch faltig. Meist zierliche Moose.

46. Trocken graugrünes, glänzendes, meist sehr zierliches, der Borke anliegendes, fadenförmiges (Zweige stielrund), ± verzweigtes Moos der Bergwälder. Wenn an (kalkfreiem!) Gestein, kräftiger (= var. *majus*) und den folgenden ähnlich, Blätter eiförmig, hohl.
.... **Pterigynandrum filiforme**
(Die var. **majus** ist viel kräftiger und ähnelt den *Lescuraea*- und *Pseudoleskea*-Arten, diese unterscheiden sich aber durch eine deutliche Rippe und feucht spreizende Blätter.)

46*. Ähnlich der vorigen, aber trocken silberweiß. Nur im höheren Kalkgebirge auf Gestein und Erde vorkommend. .... **Myurella**

42*. Blätter nicht hohl, linealisch-lanzettlich, allmählich zugespitzt.

47. Moose unregelmäßig beastet (47* nach 50*).

48. Dünne Decken zierlich-fadenförmiger, unregelmäßig verzweigter Moose mit kaum 1 mm dicken Zweigen und unter 1 mm langen, fein gezähnten Blättern.

49. Glanzlos dunkelgrüne, kalkmeidende, auch verzweigte Moose mit rings gezähnten Blättern. Zweige etwas abgeplattet. Paraphyllien kaum zu finden. An feuchten bis nassen, oft tiefschattigen Standorten der Silikatgebirge verbreitet. **Heterocladium heteropterum**

49*. Habituell ähnlich, aber durch feucht abstehende, breit herzförmige Stängelblätter und angedrückte Blätter der stielrunden Äste unterschieden. Dazu anderes Vorkommen: an lichten, im Winter ausapernden Standorten der höheren Mittelgebirge und Alpen.
.... **Heterocladium dimorphum**
(Das ähnliche, aber auf kalkreiche Standorte (oder Borke) beschränkte *Anomodon longifolius* hat eine gut ausgebildete Rippe.)

48*. Meist kräftige, oft bräunliche, glänzende, um 5 cm lange Moose mit 3 – 5 mm langen, gerippten, ± tieffaltigen Blättern.

50. Stängel zwischen den Blättern ohne Paraphyllienfilz.

51. Kleineres (um 3 cm langes) Kalkgesteinsmoos, die Blätter unter 3 mm. Einem *Isothecium myosuroides* ganz ähnlich (dort glatte

Blätter!), aber im Gegensatz dazu ein Kalkgesteinsmoos. .... **Plasteurhynchium striatulum**

51*. Sumpfmoos ähnlich *Homalothecium lutescens*, aber außerdem mit dunkelbraunem Wurzelfilz der Stängel. Blätter um 5 mm. Früher verbreitet. **Tomenthypnum nitens**

50*. Kräftiges, *Homalothecium lutescens* ähnliches, kaum glänzendes Moos, aber u. a. mit filzigem Stängel. Blätter mit Rippe. In Kalktrockenrasen höherer Gebirge (selten auf der Alb, häufiger in den Kalkalpen). .... (vgl. auch *Lescuraea*) .... **Ptychodium plicatum**

47*. Zweige fiederig beastet.

52. Zweige einfach fiederig beastet (52* nach 57*).

53. Pflanzen mattgrün, seltener bräunlich. Kräftige, immer regelmäßig dicht gefiederte Pflanzen. Blätter trocken anliegend. Stängel filzig. Kalkhold. In Trockenrasen, auf Mauerkronen, an Wegsäumen. .... **Thuidium abietinum**

53*. Pflanzen ± glänzend, Stängel kahl, z. T. bis 10 cm erreichend. Blätter auch feucht ± angedrückt, ± hohl, trocken wenig verändert.

54. Blätter der Zweigspitze so angedrückt, dass diese spießförmig erscheinen. Darunter ± abstehend beblättert. Blätter stumpfspitzig, ohne Rippe. Pflanzen meist kleiner, an sonnigen Plätzen z. T. bräunlich. Häufiges, nährstoffliebendes Moos in Sümpfen und auf anderen feuchten Plätzen, besonders Wegen. .... **Calliergonella cuspidata**

54*. Alle Teile gleichartig beblättert, Zweigspitzen stumpflich. Nicht in Sümpfen, z. T. in Trockenrasen.

55. Blätter mit Rippe, hellgrüne Moose.

56. Blätter plötzlich in ein kleines Haar verjüngt. Die Haare der Zweigspitze pinselförmig. Habitus ähnlich folgender Art, aber immer lichtgrün. ± Kalkhold. In feuchteren Wäldern und Wiesen und deren Säumen. . ... **Cirriphyllum piliferum**

56*. Blätter plötzlich zugespitzt, ohne Haar (schwach faltig). Stängel grün. Basi- und ± neutrophil. Meist bodendeckend in trockeneren (besonders Nadel-) Wäldern, grasigen Säumen in Wiesen und Rasen. .... **Scleropodium purum**

55*. Blätter ohne Rippe, stumpflich.

57. Stängel goldbraun bis schmutziggrün beblättert. An trockeneren Standorten.

58. Häufiges Moos auf kalkfreien Mager-Standorten. Pflanze dunkel- oder braungrün. Stängel rotbraun durchscheinend, glänzend. In Heiden, Magerrasen und armen Nadelforsten gemein. **Pleurozium schreberi**

58*. Habituell sehr ähnlich, aber ein Hochgebirgs-Moos (Schwarzwaldgipfel und Alpen) mit filzigem Stängel (Blätter abschaben!). .... **Hylocomium pyrenaicum**

58**. In kalk- (oder zumindest basen-) reichen, lichten Trockenrasen sowie oft an Wegsäumen und zuweilen auf Mauerkronen. Pflanzen meist goldbraun (im Schatten grün). Vor allem im Gebirge. .... **Entodon concinnus**

57*. Pflanzen hellgrün, meist über 5 cm lang, Blätter mit Rippe. Zweigenden stumpflich. In Kalksümpfen oder -tümpeln (zeitweise untergetaucht). Meist ziemlich selten. .... **Calliergon giganteum**

52*. Zweige mit 2- – 3-fach gefiedertem, meist über 3 cm langem, ± filzigem Stängel.

59. Pflanzen etwas glänzend (Blattzellen glatt), mit rötlichem, etwas filzigem Stängel. Zweige oft deutliche, horizontale Ebenen bildend, die auf dem Rücken des vorderen Teiles der vorjährigen Fiedern entspringen. Blätter rippenlos. Neutrophiles, feuchtigkeitsliebendes Waldboden- und Blockhaldenmoos sowie an grasigen Böschungen. Im Gebirge häufig, aber in der Ebene oft selten. .... **Hylocomium splendens** (Nur im höheren Mittelgebirge und Alpen sowie nur 1- – 2-fach gefiedert: *H. umbratum*.)

59*. Pflanzen matt hell- bis gelbgrün (Blattzellen papillös) mit nicht rötlichem, dicht filzigem Stängel. Blätter mit Rippe. In trockeneren Wiesen, an Wegsäumen, auf Waldboden und in Blockhalden. Z. T. kalkhold. .... **Thuidium**

40*. Blätter nur trocken anliegend, feucht ± abstehend.

60. Zumindest die Stängelblätter mit kurzer Glashaarspitze. (60* nach 63*)

61. Fast immer mit Glashaar, dieses z. T. bis halb so lang wie die Blätter. Pflanzen z. T. besonders *Racomitrium canescens* ähnlich, aber hell- bis graugrün und Blätter hohl, rippenlos. An sonnigem Silikatgestein. .... **Hedwigia** (Habituell sehr ähnlich, aber ohne Glashaar, ist eine sehr seltene, nur in den Südalpen vorkommende Art, *Braunia alopecura*.)

61*. Pflanzen grün bis dunkelgrün, deutlich verzweigt. Mit Rippe.

62. Pflanzen 3 – 6 mm lang, doppelt gefiedert, nur Stammblätter der Stängelenden mit kurzer Haarspitze. ..... **Thuidium philibertii**

62*. Sehr seltene, unter 2 cm lange Arten mit hyalinen Blattspitzen.

63. Blätter dunkelgrün, ganzrandig, (papillös) unter 2 cm lang. Nur in Südbayern. .... **Anomodon rostratus**

63*. Pflanzen kaum 1 cm lang, trocken graugrün. Blätter grob gezähnt, mit haarförmiger Spitze. Südliche Art. .... Vgl. **Fabronia**

60*. Pflanzen ebenfalls mit trocken angedrückten Blättern, aber nie in eine Glashaarspitze auslaufend und auch sonst anders.

64. Unregelmäßig verzweigte, z. T. nur undeutlich beastete Moose, in Rasen, Decken und Filzen. Seitenzweige gegenüber dem kriechenden Hauptstängel überbetont. Mit oder ohne Rippe (64* nach 75*).

65. Dünne Decken zierlich-fadenförmiger, unregelmäßig verzweigter Moose. Stängel mit kaum über 1 cm langen, meist um 1 mm dicken Zweigen und unter 1 mm langen, fein gezähnten, gerippten oder rippenlosen elliptisch-lanzettlichen bis lanzettlichen Blättern. (65* nach 67*)

66. Pflanzen glanzlos (papillös), bräunlich-grün. An Borke, Kalkgestein oder Mauern. Vor allem im Gebirge, an lange trockenen Standorten. .... **Pseudoleskea**

66*. Pflanzen grün, trocken etwas glänzend. (Blätter glattzellig.)

67. An Borke und Gestein an nährstoffreicheren und mehr feuchten Standorten. Oft weit verbreitet. .... **Amblystegium**

67*. Einer zwergigen Ausgabe von *Eurhynchium hians* gleichend. Kalkhold und trockenresistenter. Auf Gestein und Erde, besonders Löß. Vor allem in wärmeren Lagen Westdeutschlands. .... **Eurhynchium pumilum**

65*. Pflanzen immer kräftiger. Blätter 1 – 2,5 (– 3) mm.

68. Trocken glanzlose (papillöse), nie faltige Moose. An Gestein, weniger an Borke. Immer mit Rippe (68* nach 69**).

69. Trocken grüne, gelbgrüne bis bräunliche Moose trocken-schattiger Plätze. In der Ebene meist selten oder fehlend. Kalkhold. .... **Anomodon** (69* nach 71*)

70. Zweige senkrecht vom Substrat abstehend (Hauptstängel kriechend), rasig, meist 2 – 3 cm groß. Blätter bis fast 3 mm, plötzlich lang ausgezogen, stumpflich. An trocken-schattigem, meist kalkhaltigem Gestein und an Borke. .... **Anomodon viticulosus** (**Anomodon rugelii** hat zungenförmige, auch feucht – außer entlang der Rippe – undurchsichtige, kürzere Blätter. Eine seltene Art der Mittelgebirge und Alpen. Oft auf vulkanischem Gestein).

70*. Kleinere und niederliegende Moose. Blätter bis 1,5 mm, spitz bis gespitzt.

71. Zweige öfter gefiedert und Blättchen 1 (– 1,5) mm, bespitzt. Im Bergland nicht selten. .... **Anomodon attenuatus**

71*. Zierliche Moose mit um 1 mm dicken Zweigen und 1 mm langen, lanzettlich zugespitzten Blättchen. Schattige Felsen und Höhlungen. Oft selten. ... **Anomodon longifolius**

69*. Hochgebirgsmoos. Im Mittelgebirge selten. Trocken matt dunkelgrüne bis bräunliche, oft größere Decken auf Gestein im höheren Gebirge. Blätter eiförmig, breit gespitzt, ca. 1 – 1,5 mm lang, etwas einseitswendig. Auf meist sonnigem kalk- oder basenreichem Gestein. Nur in den Alpen und im höheren Mittelgebirge. Die einzige häufigere Art der Gattung ist ....

.... **Pseudoleskea incurvata** (Alle anderen *Pseudoleskea*-Arten sind kalkmeidend und oft selten (Mikroskop!).)

69**. Tieflagenmoos, selten in höheren Lagen. Gewöhnlich olivgrüne, wenn gut entwickelt, fiederig verzweigte, 1 – 2 cm große, dem Substrat angedrückte Zweige mit etwas einseitswendigen, nur um 0,7 (– 1) mm langen, spitzen Blättern. Meist in Ufernähe, an Gestein und Borke (auch zeitweise submers). .... **Leskea polycarpa**

68*. Zumindest trocken etwas glänzende Moose. Gesteins- und Borkenmoose (mikroskopisch glatt oder schwach papillös).

72. Blätter breit-eiförmig (oben gezähnt), glatt, etwas hohl, nur mit Doppelrippe. Zweige gekrümmt, stumpflich, in Büscheln. In warmen Stromtälern und Lagen Westdeutschlands nicht selten. Vor allem an Gestein. .... **Pterogonium gracile**

72*. Blätter lanzettlich, lang gespitzt, faltig, mit oder ohne Rippe.

73. Blätter ohne Rippe, bis 2,5 mm lang. Zweige dunkelgrün bis schwärzlich, gekrümmt, spitzlich, bis 2 mm dick, trocken gegen das Substrat gebogen und 2 – 3 cm lang, oft ausgedehnte Rasen an sonnigem (Kalk-)Fels oder Borke bildend. Öfter mit struppigen Brutblattzweigen. Kalkhold. An Borke und Gestein lichter bis sonniger Standorte..... .... **Leucodon sciuroides**

73*. Blätter mit Rippe.

74. *Leucodon* habituell ähnlich, aber unterschieden durch nicht längsfaltige Blätter ist die ziemlich seltene, aber meist sporulierende, trocken graugrüne *Cryphaea heteromalla*. Eine wärmeliebende Art der Tieflagen. Sie wächst meist an Laubholzborke, selten Gestein.

74*. Trocken goldgrüne bis bräunliche, weit verbreitete, meist kräftige, um 5 cm lange Moose mit um 3 mm langen, gerippten, tieffaltigen Blättern. Stängel zwischen den Blättern ohne Paraphyllienfilz. Häufige, trockenheitsresistente Trockenrasen- und Mauermoose. Zuweilen an Borke. .... **Homalothecium**

74**. Dunkelgrüne, an besonnten Standorten meist braungrüne Pflanzen in oft über handgroßen Decken, mit 1,2 – 2 mm langen, längsfaltigen Blättern. Stängel mit Paraphyllien. Nur im höheren Gebirge und vor allem in der subalpinen und alpinen Region.

75. Blätter um 1,5 mm lang. Pflanzen in bis über handgroßen, dem Substrat angedrückten Decken aus ± fiedrigen Zweigen. Auf Borke im höheren Gebirge, besonders im Krummholz. .... **Lescuraea mutabilis** (Verwechslungen sind mit *Anomodon attenuatus* möglich.)

75*. Sehr ähnlich der vorigen. Unterschieden u. a. durch aufsteigende Beastung und Vorkommen auf sonnigen Silikatgesteins-Blöcken. Selten in Bayern, aber verbreitet in den Zentralalpen ist **Lescuraea saxicola**.

64*. Gleich- bzw. regelmäßig beastete (wenigstens mit dem Hauptstamm niederliegende), nicht gefiederte Moose.

76. Moose bäumchenförmig, 2 bis über 5 cm hoch. Blätter mit Rippe. Moose mit Fiederzweigen, vgl. oben unter 47*.

77. Seitenzweige 2. Ordnung in einer Ebene angeordnet (Pflanze wedelartig), abgeflacht. Die Stämmchen dem Kriechstängel entspringend, in lockeren Beständen. An feuchtem bis nassem, kalkhaltigem Gestein. Seltener am Boden von Auwäldern. .... **Thamnobryum alopecurum**

77*. Seitenzweige in verschiedenen Ebenen, d. h. in verschiedene Richtungen weisend. Nicht abgeflacht beblättert, einer winzigen Palme ähnlich. Meist auf feuchter Erde in Wiesen, an grasigen Wegsäumen und seltener in vernässten Laubgehölzen. Zuweilen auf Erde über Gestein (Mauerkronen). .... **Climacium dendroides**

76*. Die geneigten oder aufrechten, ± bäumchenförmig verzweigten, aufrechten Zweige in dichteren, sogenannten „Bäumchenrasen". .... Siehe bei **Eurhynchium** .... und **Isothecium**

ANMERKUNG: Auf S. 7 wurde bereits darauf hingewiesen: Sollte man das Moos nicht sicher bestimmen können, so führt der Vergleich der Abbildungen und einer guten Beschreibung doch noch zu einem glücklichen Ende. In jedem Falle sollte auch die ausführliche, insbesondere die ökologische und die Verbreitung betreffende, Beschreibung gründlich studiert werden. Dies gilt besonders dann, wenn man eine „seltene" Art bestimmt zu haben glaubt. Kurzlebige und deshalb meist nur mit Kapseln vorkommende (und bestimmbare) Arten wurden im Schlüssel der vegetativen (Gametophyten-) Merkmale z. T. weggelassen. Umgekehrt erscheinen sehr selten sporulierende Arten nicht im Sporophytenschlüssel.

Eine Reihe von Laubmoosen (ausgenommen kurzlebige Arten), die ohne Sporogone bzw. Brutorgane nicht oder nur unsicher mit der Lupe, d. h. bestenfalls mikroskopisch unterschieden werden können, sind entsprechend gekennzeichnet.

Schließlich und endlich ist ein gut sortiertes Vergleichsherbar (wenigstens als Präparatesammlung) für die Bestätigung einer Bestimmung in jedem Falle nützlich und auf Dauer unverzichtbar. Es sollte, wenn möglich, bei Laubmoosen immer auch Sporogone oder wenigstens die typischen Brutorgane enthalten, bei den Lebermoosen auch die Perianthien oder Sporangienträger.

Natürlich muss „Bestimmen" wie jede Methode erlernt werden. Der ideale Weg ist „learning by doing". In unserem Falle besteht die beste Methode darin, sicher bestimmte Arten selbst nachzubestimmen. Hierbei erlernt und übt man wichtige Fachbezeichnungen und bemerkt, wenn man nicht sicher das Ziel (den richtigen Namen) erreicht, wo man einen Fehler gemacht hat (z. B. die Rippe übersehen).

Über 430 Flechtenarten bestimmen und kennenlernen!

Flechten sind außergewöhnliche Lebewesen. Sie sind keine Pflanzen im eigentlichen Sinne, sondern Doppelorganismen, die aus einer Lebensgemeinschaft zwischen Pilzen und Algen bestehen. Viele Arten trotzen widrigen Klimabedingungen, gedeihen in allen Klimazonen und Lebensräumen und können mehrere hundert Jahre alt werden. Dieses mit brillanten Fotos ausgestattete Bestimmungsbuch führt zuverlässig zu den wichtigsten Flechtenarten Mitteleuropas und liefert zusätzlich viele interessante Informationen zu Verbreitung, Ökologie und den vielfältigen Zeigerfunktionen. Diese 3. Auflage ist durchgängig bearbeitet und aktualisiert, im Format vergrößert sowie auf mehr als 430 Arten erweitert worden.

Volkmar Wirth / Ulrich Kirschbaum
Die Flechten Mitteleuropas
Bestimmung und Beschreibung
der wichtigsten Arten
3., erweiterte Aufl., ca. 420 S., ca. 500 farb. Abb., geb., 14,8 x 21 cm
ISBN 978-3-494-01970-3
Best.-Nr.: 494-01970

€ 34,95

Preisstand 2023

Unser Programm: So vielfältig wie die Natur!

Quelle & Meyer Verlag www.quelle-meyer.de